感统训练百问百答

岳明途　主编

陕西新华出版
陕西科学技术出版社
Shaanxi Science and Technology Press
西安

图书在版编目（CIP）数据

感统训练百问百答 / 岳明途主编. -- 西安：陕西科学技术出版社，2024. 12. --ISBN 978 - 7 - 5369 - 9131 - 6

Ⅰ. B844. 12 - 44

中国国家版本馆 CIP 数据核字第 2024D0C342 号

感统训练百问百答

GANTONG XUNLIAN BAIWEN BAIDA

岳明途　主编

责任编辑　焦　洁
封面设计　曾　珂

出 版 者　陕西科学技术出版社
西安市曲江新区登高路 1388 号陕西新华出版传媒产业大厦 B 座
电话（029）81205187　　传真（029）81205155　　邮编 710061
http://www. snstp. com
发 行 者　陕西科学技术出版社
电话（029）81205180　81205192
印　　刷　西安雁展印务有限公司
规　　格　787mm × 1092mm　16 开本
印　　张　20. 25
字　　数　250 千字
版　　次　2024 年 12 月第 1 版
2024 年 12 月第 1 次印刷
书　　号　ISBN 978 - 7 - 5369 - 9131 - 6
定　　价　59. 00 元

序　言

一、自闭症的儿童为什么要进行感统训练

【自闭症谱系障碍是一种神经发育障碍，往往会存在社交互动与沟通能力障碍，以及重复刻板行为，每个自闭症儿童的表现，个体差异性比较大，由于受到以上功能障碍，会极大影响儿童生活自理以及融入社会生活等方面的能力，通过系统地分析可以了解出现障碍的原因，并通过感觉统合训练帮助他们改善现状。】

自闭症儿童突出的表现有如下几种类型：

第一，疑似自闭或自闭症儿童会有表情冷漠、情绪淡漠、无欲无求、漫无目的的表现。这主要是由于感觉注册障碍造成

的，自闭症儿童对于感觉信息的接收有着过高的门槛（神经阈值比较高），使得刺激难以进入并造成接收不足或者日常生活中环境所提供的感觉刺激量不足，使得因为刺激不足而造成大脑神经激活度低落，高阶认知功能不良，进而导致后续的全面发展落后等问题。自闭症儿童的体能程度通常较低且表现出相当疲惫的样子，包括身体姿势与动作表现不良。根据对感觉处理理论模式的解读认为，自闭症儿童的大脑因为没有取得足够的刺激，所以无法产生适切性反应，而儿童对于其较高神经阈值采取消极性的适应行为，导致其出现表情漠然、情绪冷淡、对外界漠不关心、无欲无求、漫无目的、大脑机能比较低下、行为策略比较低下等表现。

针对感觉注册障碍，可以通过感觉统合中前庭系统的相关训练，改善感觉注册不敏感的问题，有效调节过高的神经阈值，让神经信息可以顺利进入大脑，调整大脑神经的激活度，进而唤醒大脑的机能。

第二，疑似自闭或自闭症儿童还会有眼神不对视的问题，大多会出现眼神不对视或者眼神对视时间比较短的问题。眼神对视能力主要是由前庭系统掌管的。前庭系统连接动眼神经、滑车神经以及展神经对眼球的运动进行控制，并及时传输信号。前庭系统功能障碍的儿童无法将信号及时通过这三对神经传递给动眼肌肉，进而造成眼神对视能力不足。其次，触觉防御过强，也就是触觉相对比较敏感，也会造成视觉系统中的触觉系统相对比较敏感，因此会造成眼神对视时间比较短的问题。

针对眼神对视问题，可以通过感觉统合中触觉系统相关训练，改善视觉系统中的触觉系统敏锐度，改善眼神对视时间。同时通过前庭系统相关训练，改善前庭系统，进而改善眼神不对视的问题。

第三，疑似自闭或自闭症儿童会有情绪障碍的问题，自闭症的儿童会由于未被满足而产生情绪，或者莫名其妙就会发脾气。这主要是由于边缘系统过度唤醒，触觉系统发育不足，在信息接收的过程中会将信号强度调得过高，以用来冲破自闭症儿童过高的神经阈值，同时自闭症儿童前庭系统对感觉信息调节能力不足，就会将过高的信号传递到大脑皮层，容易在颅内形成高压，进而过度唤醒边缘系统，边缘系统中杏仁核主要掌管情绪，就会造成情绪极易爆发或莫名其妙情绪失控。

针对自闭症儿童的情绪障碍，我们可以用触觉以及前庭系统进行干预，改善信息接收时的信号强弱，以及前庭系统对感觉信息的调节能力，进而稳定边缘系统，让自闭症儿童的情绪更加稳定。

第四，疑似自闭或自闭症儿童往往会伴随着异常刻板的行为，其外在的表现会出现晃手、抖手、原地转圈、异常疯跑、尖叫、玩手甚至嘴巴舔某种物品、看旋转的物品、喜欢制造声音等现象。这么多异常的行为背后，主要是因为自闭症儿童的感觉注册障碍以及过高的神经阈值，使得大脑得不到感觉刺激。

我们知道感觉刺激是大脑发育的营养与食物，如果感觉刺激不足，就好比是儿童饿了，只能向外去找吃的，外在行为表现就会出现上面的情况，同时要想产生与环境适切性以及匹配性的行为，由于自闭症儿童长期得到的感觉刺激比较少，中枢神经无法获得正确、积极、完善处理外界感觉信息的机会，进而所有的行为都无法与外界环境匹配。

我们在干预的过程中，针对异常行为的自闭症儿童，重点就是加大各种感觉刺激输入，触觉、前庭、本体、视觉、听觉等多种感觉刺激都可以大量进行输入，将丰富多元的感觉统合训练系统性地融入，来帮助解决儿童的刻板行为问题。

第五，疑似自闭或自闭症儿童往往会伴随着社交障碍问题，无主动的社交意识，或者社交互动经验不足，不会和其他儿童玩游戏或者玩不了游戏，不懂得表达情感以及情绪。这主要是由于触觉系统发育不足，特别是原始触觉系统功能强大，使得过多不必要的刺激都能直接且容易地被儿童所接受，造成大脑过度的刺激与讯息的混乱。而儿童为了避免这种不舒服的困扰，往往会采取代偿性的感觉防御行为，在社交互动中出现防御过强的表现，进而很难融入社交互动。

针对社交障碍的自闭症儿童，可重点通过触觉系统的相关训练，改善原始触觉过于强大的问题，促进先进触觉系统的发展，更好地进行沟通与辨识，并应用于社交互动中。

第六，疑似自闭或自闭症儿童往往会伴随着语言发育迟缓，

外在表现是没有语言、发音不清、语言理解不足、语言表达差等。这是因为自闭症儿童由于触觉发展不足，引发社交障碍，进而造成通过互动学习语言的机会较少；其次自闭症儿童有感觉加工的障碍，对外界感觉刺激过于敏感或者迟钝，就会让自闭症儿童过于关注或者不关注外界环境的信息，也就是八大感觉系统存在过度反应、反应不足或者辨识障碍，以致影响语言信息的接受与处理，进而影响语言的功能。

针对自闭症儿童语言干预，需要通过融入多种感觉刺激输入的方式，提升感觉输入以及感觉处理的能力，进而提升自闭症儿童的语言能力。

自闭症儿童无论是出现注册问题、调节引发的情绪障碍、前庭系统功能引发的眼神对视问题以及异常行为，都可以通过系统的感觉统合训练进行干预，弥补自闭症儿童在感觉统合上的障碍，提升自闭症儿童的语言、社交、注意力、学习认知等高级功能，进而帮助自闭症儿童尽快回到正常的生活轨道，减轻家庭的负担。

二、注意力缺陷/多动障碍（ADHD）的儿童为什么要进行感统训练

【注意力缺陷/多动障碍（ADHD）是一种常见的神经发育障碍，ADHD 包括注意力不集中和多动、冲动的症状。多达一半的多动症儿童还表现出情绪失调

的症状，如愤怒、易怒等。与此同时，多动症和神经发育障碍的其他疾病存在共病的情况，会有抽动、书写障碍以及自闭倾向，ADHD 的儿童由于异常的行为，会在日常社交互动、学业适应等方面存在障碍，为了防止 ADHD 对儿童学习、社会生活等方面的影响，可以尝试从感觉统合的视角解读分析并提供干预思路。】

第一，ADHD 的儿童多动、很难安坐、难以保持静止，就算坐在座位上也要扭动自己的身体。从感觉统合的角度分析，ADHD 的儿童核心肌肉群发展不足。核心肌肉群起着维持躯干稳定的重要作用，核心肌肉群发展不足，就会支撑不了自己的身体，因此要频繁地换肌肉群，换肌肉群的过程外在表现就是多动、小动作比较多。再者，ADHD 的儿童触觉系统发展不足，也会对外界身体接触类的刺激感到极度不适，不停地动。

因此，针对多动、难以安坐的儿童可以进行核心肌肉训练，比如小牛耕田、爬行等，提升核心肌肉力量，还可以融入触觉系统训练，改善触觉敏锐度，减少爱动的现象。

第二，ADHD 的儿童容易过分冲动，控制能力极差，不经过思考就开始行动，经常打断别人的讲话。从感觉统合的角度分析，主要是由于前庭抑制功能不足。前庭系统主要负责将接收到的信息初步处理后再传递给大脑，前庭功能不足，所有的信息不经处理就给了大脑，造成大脑异常忙乱，只要接收到信息，就进行处理，就会出现过分冲动的情况。同时，本体系统功能发展不良，也会造成大脑无法掌控身体。本体系统就是大脑通过神经系统控制身体肌肉的过程，本体不足就会影响身体控制能力，最终会影响儿童自我控制能力，也就是容易造成控制不了自己。

因此，针对过分冲动的儿童要融入前庭相关的训练，提升前庭抑制功能，减少过分冲动，同时，也可以融入本体系统相关训练，提升大脑对身体的掌控。

第三，ADHD 的儿童动得停不下来，还有一个原因是大脑在求救。大脑的发育需要各种感觉刺激作为营养和食物，早期感觉刺激不足，大脑获得的营养就不足，但是 ADHD 的儿童不会安静坐在那里，会向外界寻找更多的感觉刺激，以弥补感觉刺激的不足，这也就是所谓的感觉寻求。从感觉统合的角度讲，需要触觉、前庭、本体、视觉、听觉等丰富多元的感觉刺激输入，重点进行触觉、前庭、本体等近端感觉系统的融入，从而减少感觉寻求。

总之，针对 ADHD 儿童爱动、过分冲动、小动作多、很难安坐等情况，可以融入系统的感觉统合训练进行干预，从而减少冲动行为，更好地和环境互动，提升儿童注意力、学习能力。

三、语言发育迟缓的儿童为什么要进行感统训练

【语言发育迟缓从来都不是简单的问题，其背后隐

藏着大脑多个区域的功能异常。当一个儿童语言发育迟缓、说话晚、不理解语言的含义、发音不清、主动交流语言差、记忆力差、注意力困难时，可能是儿童的大脑没有开机！也就是大脑没有机能。】

第一，语言输出障碍。布洛卡区，对语言的生成至关重要，影响到语言生成和相关信号的加工处理。儿童在发音、说话节奏和语法词汇方面，特别是在说复杂词汇或句子时表现出发音不清、语言流畅性不足、语言组织表达上出现障碍，从感觉统合的角度分析，是口部运用出现了障碍。也就是说布洛卡区很难指挥控制口腔肌肉进行共济收缩、协同运作，导致语言输出障碍。因此需要加大唇部、舌部、下颌等部位的相关训练。其次，大脑对身体的控制能力不足，也就是本体系统发展不足，也会造成上面的情况，只有控制自己的身体，大脑才能控制与语言相关的系统进行语言的输出，因此针对肌力肌耐力不足、身体没有力量或力道拿捏不好，同时伴随发音不清，语言输出障碍的儿童，就需要加大本体系统相关的训练。

第二，语言理解障碍。韦尼克区和听觉皮层，这个区域的功能对语言的理解至关重要，这部分语言中枢如果未被激活，儿童就很难理解别人的口头语言，造成语言理解能力滞后。虽能够模仿，也能够进行发音，但是对于语言的真正含义很难理解，影响儿童语言表达、语言沟通的能力及语言表达的逻辑性。

语言的发育需要先有输入才会有输出，这个功能区异常会出现语言输入障碍，输入的语言信息无法进行有效的处理，并产生自己的理解。从感觉统合的角度分析，主要是前庭功能异常造成的，前庭系统未被唤醒，无法将有用的信息传递到相应功能区并产生理解，因此针对语言理解困难、长期处于仿说阶段的儿童，需要加大前庭系统相关的训练。

第三，语言理解与输出障碍。语言理解不足、发音不清、语言组织表达不足、语言逻辑不佳的语言问题，可能是顶枕叶未激活。这部分区域主要负责语言等信息的处理，这个区域异常的儿童处理语言信息的能力就会不足。通常我们想要理解一句话，不能仅凭听觉，而是要调动人体全部的感觉系统，比如将听到的词汇与视觉图谱进行匹配，或者在嘈杂的背景中理解语言，或者通过语气、声调、音色、表情来解读对方情感或意图等，多重感觉功能处理的不良反应使儿童对于多种不同感觉系统讯息的统合以及对外界事物完整理解与解释能力出现不足，进而导致后续动作判断与计划的失真，最终影响到儿童的实际表现结果。语言能力是一种综合能力的最高体现，出现多种感觉处理障碍的问题，就会影响语言理解、语言输出。从感觉统合的角度讲，针对理解不足、学不会或者无语言的儿童，可多从前庭系统、本体系统以及精细运动等多种感觉系统重点输入，提升儿童各种感觉运作的能力，进而提升其语言能力。

第四，呼吸支持不足。呼吸支持不足会造成儿童说话声音小、语言连贯性不足，只能说词语不能说句子等情况。因为呼吸系统作为语言最重要的支持，需要提供语言输出过程中的动力支持，当我们在表达的时候，呼吸系统先进行支持，对气息合理调节与控制，才能正常清晰地发音，如果呼吸系统不足，可以多进行呼吸训练，比如跑步、爬山、爬楼梯等相关训练进行改善。

第五，前庭系统发展不足。前庭系统能够过滤和筛选进入大脑的各种感觉信息，包括语言刺激。如果前庭功能不良，那么从视觉和听觉等感觉通路输入的语言信息可能无法被正确地过滤和识别，导致大脑无法加工分析正确的信息并给出指令。这会影响儿童对语音、语调、频率、音量等语言要素的感知和理解，进而影响其语言学习。同时，前庭系统与口腔肌肉和舌头的发育有着直接关系。如果前庭失调，可能会导致口腔肌肉和舌头的灵活度不足，进而影响儿童的发音和口语表达。比如，一些儿童可能因为前庭系统不良而出现口齿不清、大舌头等语言障碍。针对前庭系统的训练，我们可以通过做一些折返跑、跳跃、侧滚翻等方式进行训练。

如果发生了以上的障碍，就需要进行相关系统的干预，特别是系统的感觉统合训练，促进大脑开机，提升与语言相关脑区的正常功能，帮助语言发育迟缓的儿童尽早恢复语言功能，更好融入社会。

四、发育迟缓的儿童为什么要进行感统训练

【儿童发育迟缓通常包括多个方面的迟缓，如生长发育迟缓、运动发育迟缓、语言发育迟缓以及认知发育迟缓、精神发育迟缓等。这些方面的迟缓可能单独出现，也可能同时存在，外在的表现主要是语言沟通、社会交往、认知理解等方面存在障碍。下面的方法可以为发育迟缓的儿童提供感觉统合的干预方向，可供家长参考，以便帮助他们的孩子步入正常的生活轨道。】

发育迟缓儿童比较突出的表现如下：

第一，发育迟缓的儿童，会出现生长发育迟缓的情况。身体体重低于同龄儿、同性别两个标准差或生长曲线出现下移，影响儿童正常的身体发育，影响儿童身心健康发展。家长应及时关注早期儿童的体重、身高发育，如有生理性问题应做到及早干预与治疗。

第二，发育迟缓的儿童会表现为运动发育迟缓。抬头、翻身、坐、爬、站立、行走、跑、跳跃等八大姿势的起始年龄都比正常儿童要晚，特别是走路方面，有的孩子可能一两岁甚至更晚才开始学会走路。从感觉统合的角度分析，运动发育迟缓的儿童身体的肌力肌耐力、肌肉的控制、肌肉的爆发、姿势的

维持与转换、身体的协调等方面存在严重不足，没有建立起大脑对身体的联系，进而无法掌控自己的身体，因此运动能力会相对比较滞后；同时由于早期运动能力不足，运动的机会比较少，前庭刺激量不足，就会造成前庭系统未被激活，无法诱发与姿势相关的原始反射，比如前庭眼反射、前庭颈反射、前庭脊髓反射，无法促进由反射性运动行为到功能性运动行为的过渡，进而加重了运动发育迟缓的情况。

因此，针对运动发育迟缓的儿童可以从感觉统合的方面进行干预，融入前庭系统相关的训练，诱发与姿势相关的原始反射，促进无意识调节姿势行为产生，进而促进大脑对头颈、肩、躯干的控制，同时融入本体系统的八大姿势练习，对抬头、翻身、坐姿、爬行、站立、行走、跑、跳跃等基本运动模式进行训练，提升大脑对身体的控制能力，进而逐步提升儿童的运动能力。

第三，发育迟缓的儿童会表现为理解认知迟缓。多表现为认知能力落后、学习能力落后、学不会、学了就忘、理解能力滞后、对很多新内容不理解、社会适应能力也比较滞后。从感觉统合的角度进行解读，发育迟缓的儿童主要是前庭系统未被唤醒。前庭系统主要负责将信息初步处理后再传给大脑，也就是需要将信息进行分化，再分配给不同的脑区。由于前庭系统功能不足，无法有效地分配重点信息给特定功能区，也就是在分配信息的时候是模糊、混乱的，造成大脑无法有效解读信息，进而出现理解、逻辑滞后，学不会、学了就忘等情况。

因此，针对发育迟缓儿童理解、逻辑滞后的情况，从感觉统合的角度，需要进行系统的前庭训练，激活前庭，提升信息初步处理的能力，进而提升儿童的逻辑、理解能力。

第四，发育迟缓的儿童还表现为语言发育迟缓。表现为口头表达能力或理解能力发育迟缓，明显低于同龄儿正常的发育水平，还有可能说话晚、吐字不清。语言的产生，需要呼吸系统的支撑，对气息进行调节与控制，这是语言产生的动力源，再到咽腔、鼻腔、喉腔进行共鸣，再到构音系统的唇部、舌部、下颌的共济收缩、协调运转才能正常发音。字正腔圆地表达，更需要语言中枢的激活，韦尼克区首先负责将接收到的语言内容进行理解，产生语言理解力，布洛卡区负责指挥语言相关的系统将想说的话进行表达输出，语言的输入与输出就需要激活语言中枢。换句话说，就需要激活前庭系统，前庭激活了，语言信息输入与输出的过程才能正常。从感觉统合的角度来讲，发育迟缓的儿童由于身体运作方面存在障碍，也就是呼吸系统不足、口部运用能力不足，前庭系统功能也容易出现障碍，进而会出现语言理解障碍、构音发音障碍、发音不清、说话比较晚等语言问题。

因此，针对语言发育迟缓的儿童，需要通过跑步、跳跃、吹、吸提升呼吸系统的功能，为语言提供支撑，通过前庭系统的激活，促进语言的输入与输出，融入口部运用相关训练，提升唇、舌、下颌运动模式掌握，进而解决语言发育迟缓的问题。

发育迟缓的儿童在生活与学习的过程中会存在各种各样的障碍，我们要学会从感觉统合的角度去分析儿童出现的问题，针对性地融入感觉统合训练，让发育迟缓的儿童尽快跟上同龄儿童的步伐。

目　录

第三章　感觉统合的概念和解析

第七章　感觉统合——视觉系统

第十章 感觉统合评估要点

第十三章　预防感统失调　远离带养误区

第十四章　感统训练常见误区

第一章　认识大脑

【了解大脑的功能和结构，能帮助我们更全面地理解感统失调儿童在日常生活中所面临的挑战。只有通过科学系统的评估与观察，我们才能为这些孩子制定更加有效和个性化的训练计划，帮助家长制定科学带养规划，避开影响大脑发育的带养误区，并帮助感统失调、ADHD、ASD、发育迟缓儿童提升高级功能，比如：语言、注意力、学习力、社交等能力。】

一、大脑相关结构

【大脑是人体的最高统帅，负责指挥身体。如果把人体比作是一家饭店，那大脑就是饭店的老板，统筹并指挥整体饭店的运营，大脑又是神经系统的核心所在，它就像一台先进的“中央处理器”，可以将来自环境中的各种纷乱复杂的感觉刺激进行有效处理，以促使人体能够更好地适应周围的环境，甚至在一定程度上改造环境。】

大脑是神经系统的最高统帅，用来指挥身体的功能。了解大脑的相关结构，有助于帮助感统失调儿童更好地应对存在的各种困难与障碍。

（1）大脑皮质：大脑皮质是大脑中负责执行功能的核心区域，影响注意力、语言、社交、思维、想象等高级功能。感统失调儿童大脑皮质的发育往往较为迟缓，导致注意力不集中和异常行为增多。同时，感统失调儿童在执行任务时大脑皮质激活程度低于同龄正常儿童，这也是他们高级功能容易出现困难的原因。

（2）语言中枢：布洛卡区与韦尼克区是语言产生与语言理解的关键区域，这两个区域的功能会影响到儿童对外界环境中语言的理解以及控制口部等相关部位对语言的输出，如果语言中枢未被激活，就有可能导致儿童语言发育迟缓。

（3）脑干：脑干在运动控制和行为调节中起到关键作用，主要处理来自大脑皮质层的感觉信息并调节身体的动作和做出反馈。感统失调儿童的脑干功能异常，会影响其自控能力以及行为，导致动作和行为的匹配度差，容易出现异常行为以及小动作多等现象。

（4）神经传导递质：多巴胺等神经递质在情绪和注意力稳定中起重要作用。感统失调儿童常表现出神经递质系统的紊乱，多巴胺传递速度、效率、质量低下，造成内部奖赏机制失衡，从而造成儿童执行任务时缺乏内驱力和注意力。

（5）边缘系统：边缘系统是哺乳动物最为原始脑区的一部分，主要的功能是掌控人类的情绪、逃避、压力反应等，边缘系统出现问题，儿童多会出现情绪控制障碍以及较多的防御行为。

感统失调的儿童往往会出现大脑皮质层发育迟缓的情况，正常儿童的大脑皮层会逐年增厚，但感统失调儿童往往表现为停滞，特别是掌管执行功能的区域出现滞后的情况，还会进一步影响一系列执行功能。

二、神经系统的基本组成单位——神经元

【大脑的基本组成单位是神经元，每个人的大脑中大约有上千亿个神经元存在。神经元的核心功能是传递感觉信息。神经元由三个主要部分组成：细胞体、轴突、树突。】

（1）细胞体：影响神经元的分裂与扩张。

（2）树突：接收其他神经元的信号。

（3）轴突：向其他神经元或肌肉细胞传递信息。

神经元是神经系统传递信息的基本单位，主要负责接收与传递感觉信息，人类每天接收大量的感觉刺激，这些感觉刺激输入，会促进大脑神经元的连接，因为神经系统的基本单位是神经元，神经元的功能性会影响神经系统的功能，人类所有的行为都是在神经系统控制下产生的。

三、什么是神经元连接？

【神经元的连接速度会随着年龄的增加而逐渐减慢，6 岁之前，突触生长速度很快，尤其是在儿童1 岁之前，神经元会以高速状态连接。据统计，儿童在 3 岁时大脑的发展相当于成人的 80%，而且 6 岁之前连接成功的网络终生不会断开。正如一个儿童 3 岁之前学会游泳，那么他将一生都会游泳，其原因就是有关游泳的神经网络已经搭建成功，而且十分牢固，不会再断开。6 ~ 12 岁是儿童大脑网络搭建的调整阶段，在此之前，没有完成搭建的神经网络就会彻底断开并消失，调查显示，6 ~ 12 岁儿童的神经网络反而不如 0 ~6 岁时密集。】

神经元的连接不是一开始就有的，人类从受精卵时就开始快速制造神经元，速度大约每分钟50万个，所以人类一出生就已经有上千亿个神经元，但是神经元之间的连接并不丰富。随着成长，外在与内在环境中各种刺激因素的变化、增多，神经元与神经元之间连接增多，逐渐开始形成丰富的网络结构，尤其是脑中枢神经系统。但是要形成神经元之间的连接，还需要通过突触的连接来实现。

当人体接收感觉刺激，也就是神经元信号，如嗅觉感受器会感知化学成分，皮肤和躯体感觉感受器会感知触摸、碰撞、震动等信息，视觉内感受器会感知到光线变化的信号等，这些信号都会促进突触的产生与生长。持续不断地刺激就可以促进突触持续向前发展，并且与周围相关的突触距离越来越近，最终形成连接。神经元就以这样的方式逐步发生连接。在连接过程中，可以呈辐射状（就是一个突触小体可以与许多突触后膜相连），也可以呈聚合状（许多突触小体与一个突触后膜相连）。同时，神经元与神经元的连接既可以是突触与突触之间的连接，也可以是突触与神经元胞体之间的连接。

四、如何促进神经元的连接，促进儿童发育？

大脑是一个极其复杂的器官，它通过无数的神经元来处理信息，这些神经元之间的连接方式决定了我们的思维、记忆、行为和儿童的整体发育。如果把大脑比作一个城市的话，那神经元连接的过程就是在修建城市的道路，由一条道路、两条道路……最终形成城市的道路网络，城市道路越发达，交通就会越便利，城市的运转就会越来越高效，也就是说大脑神经元连接越丰富，大脑的功能性会越强，处理外界信息的速度、效率、质量就会越高，大脑的高级功能也会更加强大。

家长做到如下两点，可以促进儿童神经元的连接：

（1）在儿童成长早期，尤其是0～6岁的黄金阶段，要提供充足的活动空间与不限制的带养方式，让儿童在丰富多彩的环境中主动参与、探索创造。

（2）让儿童接受大量的感觉刺激输入，促进大脑神经元的连接，多参与运动类的活动，获得更多的感觉刺激至关重要。

五、神经元是如何连接并影响我们的思维？

【大脑的神经元连接是一个高度复杂和精密的系统。通过神经元的生成与迁移、轴突与树突的生长、突触的形成以及髓鞘化，大脑形成了丰富的神经网络，这一神经网络支持了我们的思维、记忆、想象与行为，并使我们的大脑产生高级功能。】

在胚胎发育的早期阶段，神经元便开始产生，通过这种细胞的定向迁移，形成人体能量的流动模式，并形成大脑的功能分区，这个过程类似于裁缝根据设计图将布料运输到裁缝店的过程。每个神经元都在大脑中相应的位置，形成不同的大脑结构，如大脑皮层、边缘系统等。

轴突末尾的生长椎体能够感知周围的信号，并向目标区域提供指引方向，同时参照周围环境的信号来不断地修正，最终形成新的连接，同时形成突触。这是一种有一定间隙的结构，可以释放神经递质，也就是进行信息的传递，在传递信息过程中为了确保信息的稳定性、准确性、速度，会在外侧形成髓鞘化的包裹，这个就像是电线的绝缘体，神经元连接越丰富，处理信息的速度、效率、质量越高，整体神经系统的功能就越强大，也就是人类大脑的高级功能比如语言、想象、思维、逻辑越强大。

六、神经元连接如何影响人类的记忆？

人类大脑的活动是相对比较活跃的，不同大脑特定功能分区负责的具体工作也是不同的，负责人类大脑产生记忆功能的区域，其组成的基本结构也就是神经元被唤醒，才能产生记忆的功能，这种记忆的功能需要神经元的不断唤醒，并不断促进神经元之间的连接。神经系统的可塑性通过神经元的增加、删减与抑制实现，不断改变输入的强度，就可以使神经元形成特定的唤醒模式。经常被唤醒、容易唤醒并与其他神经元形成连接的神经元，会不断形成唤醒、连接模式，而那些不经常使用或者唤醒困难的神经元，会形成关闭或者沉寂，直至完全凋零。

因此，神经元的连接具有可塑性，这也会影响大脑神经网络的构建，经常使用、经常唤醒并形成特定模式。大脑的记忆功能特别依赖这种神经元的唤醒，神经元连接越丰富，记忆功能越好，处理信息、整合信息、比对信息并产生记忆信息的效率、速度、质量越高。

同时，在睡眠的过程中，大脑负责处理记忆功能的区域会被再次唤醒，并参与到短期记忆转化为长期记忆的过程，如果睡眠不足就会影响大脑产生长期记忆，睡眠是大脑神经元重复唤醒并产生记忆巩固的绝佳机会。

七、什么是髓鞘化？为什么会影响儿童日后的注意力？

髓鞘形成的过程称为髓鞘化，它在胎儿发育的后期和婴儿出生后几个月开始，并在青春期继续发展。髓鞘不仅提高了神经信号的传导速度，还起到保护轴突的作用，防止其受到损伤，髓鞘化不足会导致神经信号传导效率降低，进而影响大脑的整体功能，特别是在涉及注意力和执行功能的区域，如前额叶皮层。

髓鞘化是指神经纤维轴突外包覆髓鞘的过程，这一过程对于神经信号的高效传输至关重要。髓鞘是一种由特殊类型的细胞产生的脂肪和蛋白质组成的物质，它包裹在神经元的轴突外部，形成绝缘层。髓鞘的主要作用是增加神经冲动的传导速度，减少信号的衰减和泄漏，保证信息传递的精确性和效率。髓鞘化不良，举个例子，髓鞘化就好比包裹电线的绝缘层，如果绝缘层质量不好，就有可能造成漏电，使得电流损失，也就是说信息传递的过程中，容易产生神经电流信息的流失，也就是大脑异常放电，其外在行为表现正是注意力容易受到干扰，造成容易分心的情况，也就是注意力不集中。

八、家长必须知道大脑的发育规律（用进废退）

【大脑的发育规律是由低阶逐步向高阶功能发展，先掌握基础的运动协调能力，慢慢发展出高阶的理解、认知与逻辑思维能力，而且也要遵循用进废退的原则，大脑只会在使用中得到发育，越使用功能性越强，就好比你好多年不写字，突然让你写字，经常会出现提笔忘字的情况是一样的，只有我们知道了大脑的发育规律，才能更好地指导家长给孩子提供促进大脑发育的环境。】

1. 神经的可塑性

神经是有可塑性的，例如：把大脑比作城市，神经系统比作城市的道路，通过调整感觉刺激输入，就好比是调整修路的原材料，有了修路的原材料，就能修路，城市道路就能改变，城市道路的便捷性就能调整，城市的运转效率就能调整，也就是感觉刺激输入改变会影响神经系统的功能，进而影响大脑的功能与结构。也就是说，只要提供适当的外部环境和感觉刺激，大脑结构和功能就有产生改变的能力。正是这个规律，给了很多感统训练老师和家长信心。也就是说，儿童的大脑发育后天是可以改变的，主要是通过大脑内部的突触、神经元之间的连接变化来实现的。通过对连接的增加、修减和抑制来影响，建立新的连接，从而影响个体的外在行为。树突分支会增加，有了更多的树突分支，就可以连接更多的神经元，让脑网络更复杂。只要我们提供适当的环境和感觉刺激，便可实现先天不足，后天来补！先天和后天承担着不同的角色，先天承担着大脑整体功能结构的连接，后天起到微调这些连接的作用，通过微调，让儿童能够习得更多能力，掌握更多学习技巧，也愿意和同龄玩伴玩耍，获得适应社会的能力。

2. 大脑功能的发育从低阶到高阶

有些家长在给儿童做评估前，就急不可待、滔滔不绝地说："我们孩子语言没有逻辑，说话总是颠三倒四，学习很吃力，很费劲……"家长急切表达孩子这些外在的行为表现，我们可以理解，但是感统训练老师却不能被家长的“着急”带离正常的评估轨道。我们一定要知道大脑的发育规律，家长所表述的这些都是复杂的行为，这些复杂的行为其实都来自简单的行为。

所以，我们在给儿童做评估的过程中，一定要先观察和评估简单的行为，例如：跳跃、攀爬、行走、坐卧、站立、眼睛的对视、颈部的对称性和非对称性反射、前庭眼反射等。

另外，脑干是大脑的低阶功能区，大脑的皮质层是高阶功能区，感觉统合训练重点是针对哪个功能区呢？脑干！这是大脑的低阶神经中枢的功能区，感统训练的重点就在于此。

3. 顺应性反应

顺应性反应是根据身体以及大脑以往的感觉及动作经验，针对发生的事情做出有目的的行为。顺应性反应可以帮助我们的感觉指导动作，使动作完成得更加符合环境的需求，能够更好地适应环境。例如我们边看手机边走路的时候，突然身体发生倾斜，此时大脑就会对身体进行最大的调控，部分肌肉快速收缩，部分肌肉快速伸展，使身体恢复到安全状态。顺应性反应越好的儿童，感觉统合的能力就越强；感觉统合能力越好的儿童顺应性反应的能力就越强。

大脑的发育规律告诉我们家长，我们一定要给儿童提供多使用自己身体的机会，使用得越多，大脑控制身体做出相应反馈的次数就会越多，大脑神经元的连接就会越丰富。总之一句话，大脑只会在使用中得到发育！

九、10个错误的带养行为，不利于儿童大脑发育

【我在测评的过程中，经常见到大脑发育落后的儿童，通过评估数据的分析，我惊讶地发现，造成他们发育落后的原因竟然都共同指向了一个重要行为因素，那就是错误的带养方式，因此家长要了解并避开以下这十种错误的带养方式。】

（1）大量使用电子产品：过早过久让儿童接触手机、电视和其他电子屏幕，会影响儿童大脑的语言和社交技能发展。儿童需要面对面的互动来学习语言和情感表达，而电子屏幕是一种单向的输入，无法产生双向的互动连接。

（2）不良的饮食习惯：如过多的糖分摄入，或者蛋白质和维生素摄入的不足，会影响大脑发育。合理的饮食会给大脑发育提供必备的营养，对于大脑发育来讲是至关重要的。

（3）运动不足：缺乏足够的运动，会减少大脑的氧气供给，影响大脑的激活度和认知学习能力。户外活动和针对性的运动对儿童的大脑发育非常重要。

（4）长期喂饭及吃流食：长时间给儿童喂饭，会破坏儿童身体的运动能力，影响儿童日后高级功能的发展，不规律的饮食习惯，或者吃大量的流食，会造成儿童咀嚼能力不足，影响口腔肌肉的发展，进而影响语言能力。

（5）家庭氛围不和睦：父母之间经常吵闹，会给儿童带来压力，影响他们安全感的建立，同时会导致注意力分散、抑郁和学习困难，从而影响大脑发育。

（6）睡眠作息不规律：睡眠对于儿童大脑的发育至关重要，它有助于巩固记忆和学习，通过睡眠可以巩固白天学习的新知识，将短期记忆转换为长期记忆，同时，睡眠可以促进大脑的新陈代谢，焕发大脑的机能，因此，缺乏高质量的睡眠会影响大脑的功能和儿童的整体发育。

（7）过分限制：有些家长出于对儿童安全的考虑，过度保护儿童，限制他们的活动范围。然而，这种做法会剥夺宝宝探索世界的机会，影响他们的感知和认知能力的发展。家长应该在确保安全的前提下，鼓励儿童多接触、多探索，促进大脑的发育。

（8）频繁打断儿童思考：当儿童正在专注地游戏或思考问题时，家长如果频繁打断，会干扰儿童的思维过程，影响他们的注意力和记忆力。因此，家长要尊重儿童的思考过程，给予他们充足的时间和空间去探索和思考。

（9）不沟通、不交流：家长与儿童之间的沟通交流是儿童大脑发育的重要推动力。如果家长缺乏与儿童的沟通交流，儿童的语言能力和社交能力就会受到影响。因此，家长要多与儿童进行沟通交流，鼓励他们表达自己的想法和感受，培养他们的语言能力和社交能力。

（10）忽略儿童情感的需求：儿童的大脑发育与情感需求紧密相连。家长如果忽略儿童的情感需求，比如陪伴时间短、不及时回应儿童等，会导致儿童情感发展受限，进而影响大脑的正常发育。因此，家长要时刻关注儿童的情感需求，给予足够的关注和深度陪伴。

十、睡眠的时候就是“洗脑”的过程

脑是我们人类最重要的器官之一，大脑协调指挥并处理思维、感觉和运动，它们形成了记忆的功能，影响着记忆的形成，让我们能够处理问题、解决问题。但是，这些任务都不简单，它们会消耗大量能量，脑细胞就像发动机一样，需要“汽油”，这些汽油需要从日常与外界互动的过程中以能量的形式获取，呼吸、饮食、睡眠的过程中，就是给发动机补油的过程，但是在发动机运转的过程中，会产生很多的废料，但这些废料不会自己排出去，谁来清理这些废料呢？因此大脑又产生了一个系统，就是“睡眠”。

睡觉的过程中，我们看似睡着了，感觉身体所有区域减缓了运转，但其实不是，在睡眠的过程中，会将大脑运转产生的废料清理出去，这个过程就好比是汽车的尾气处理系统，通过处理汽车尾气，汽车才能正常运转，也就是说只有把这些废料清理了大脑才能正常运转，才不会造成神经系统功能的异常，也就是出现高级功能异常的情况。

因此，睡眠的过程是“洗脑”的过程。

十一、促进大脑发育最好的营养剂是什么?

促进大脑发育的最好营养剂有两种，第一种是环境，第二种便是感觉统合训练，接下来进行详细的解读：

促进大脑发育的是环境。丰富的、积极的环境刺激能够促进大脑的神经元连接，增强大脑的功能，并支持整体的认知、情感和社交发展，环境因素对大脑发育的影响贯穿整个生命周期，尤其是在生命的早期阶段尤为重要，这是因为早期神经系统的功能性受到环境的影响最大。

促进大脑发育的是感觉统合训练。各种感觉刺激的输入，激活了身体各种感官，建立起身体的感知，并成为儿童认知这个世界的重要途径，感觉统合训练能够促进大脑内海马体的增大，这是主管学习和记忆的关键区域。同时，感统训练可以促进多巴胺和肾上腺素等神经传导物质的分泌，促进神经连接，神经连接越好，大脑的功能性越强，儿童的高级功能，如语言、注意力、学习力、社交能力就会越好。

因此，早期父母应提供给儿童丰富、多元的环境，同时融入适量的感觉统合训练，如触觉、前庭、本体相关的训练，促进儿童大脑的发育。

十二、儿童是否聪明，看手就知道

【“手巧心灵”这句话形象地描述了手与脑之间的紧密联系。手部动作和大脑之间存在双向的相互作用，手部的功能影响大脑发育的质量。】

1. 手部发育与儿童智力发育的关系

“手是人类的第二个大脑”，这句话形象地说明了要想发展儿童的智能，需要通过双手的发育来实现，大脑神经元突触数量与儿童智力发育密切相关，这些突触的形成，取决于外界的感觉刺激，除了视听感觉，触觉是儿童感知、认知视觉的重要感觉通道，而手部，正是触觉接触外界的重要媒介。手部的发育，需要大量地使用，使用过程中就可以促进手部触觉发展，以及突触的连接，神经元的连接，进而促进大脑的发育，让儿童更聪明。

2. 3 个手部功能，预示着智商高低

第一个是手部精细动作，手部越灵活，大脑发育越好，如果你发现儿童手指特别灵活，能够完成一系列的精细动作，那么这个儿童的智力发育会比较好。

第二个是绘画的能力，绘画是提升儿童创造力与想象力的重要方式，这种能力需要手部运用、大脑、视觉相互配合协调，同时，也预示着儿童大脑的发育质量较高。

第三个是操作能力，儿童天生对外部环境中的人、事物充满好奇心，有较强的探索欲望，当儿童对外部环境特别喜欢探索，这预示着儿童可以从环境中获得足够的感觉刺激，从而促进大脑的发育。

3. 如何提升儿童手部运用能力

首先是鼓励儿童绘画，主要让儿童自由绘画，不要过多地干涉内容，同时家长要多进行鼓励与表扬；其次是玩手部精细动作操作类的游戏，这可以提升儿童手部精细动作的发展；最后可以多让儿童做家务活，比如整理衣服、扫地、收拾玩具等，因为这些力所能及的家务活可以锻炼儿童手部精细动作的发展。

儿童智力的发育不能依靠单一的指标来进行判断，我们应该全面观察儿童，给予他们更多的支持，激发儿童的内驱力，发掘他们的潜力。

十三、让大脑变聪明的 3 个阶段

【孩子的智商受到哪些因素的影响呢？是遗传吗？很多人有一个误区，认为智商的高低是先天形成，后天是无法改变的，但是有的父母智商都一般，孩子却很聪明，这是为什么呢？后天的塑造就是一个重要的原因。有研究表明，孩子的智商 60% 受遗传的影响，40% 则是后天塑造的。还有大量的研究发现，在儿童

大脑发育的过程中，有3次重要阶段，也就是说有3个阶段，可以让儿童变聪明。】

1. 第一个阶段：3岁以前

我们知道，在大脑神经组织结构中，大脑神经元负责处理人类的思考、计划、逻辑、组织等功能，在儿童出生的时候，大脑神经元的数量就达到惊人的1000亿个，在这个阶段，大脑神经元还处于独立的状态，也就是互相不连接，互相不认识的状态，这些神经元就像是一个个的点，没有形成神经网络，只有神经网络越紧密，大脑发育才会越好。

因此，3岁前儿童大脑神经元要建立连接形成网络，最好的方式就是获得感觉刺激，同时减少使用电子产品的时间，通过丰富多元的感觉刺激唤醒神经元并进行连接，儿童喜欢到处摸、到处动，负责掌管肌肉的神经元便进行了连接，当家长在进行深度陪伴、互动的时候，负责亲子互动关系的神经元就会被唤醒。因此，3岁前家长要带孩子主动探索这个世界，并积累社会化经验，帮助他更加聪明。

2. 第二个阶段：3～7岁

很多父母有一种感觉，就是孩子六七岁以后，像是突然之间长大了一样，感觉孩子成熟了，这是因为3～7岁期间，大脑神经元会通过增加删减和抑制进行精进，也就是大脑会断开不经常用的神经元连接。因此这个阶段，儿童是质性的发展，也就是在处理任何事情的时候，家长要要求质量，而不是儿童能做就行。

3. 第三个阶段：7～10 岁

7～10 岁的这个阶段，大脑会对神经元再次进行删减，在这个阶段，通常儿童会有抗拒、存疑的心理特征，而且自己的想法会比较多，有较强的自我意识，家长需要调整引导的方式，多倾听采纳儿童的意见，让儿童有自我价值感，这样才能促进大脑神经元的连接。

家长一定要抓住让儿童变聪明的这 3 个阶段！

十四、电子产品对大脑发育有哪些影响？

我们平常用手机刷视频的时候，感觉没过多长时间，可是几个小时就过去了，这是因为我们的大脑喜欢新鲜的事物，手机上新颖的视频特别吸引我们，让我们沉迷其中，这种行为会破坏我们注意力维持的时长，容易造成我们注意力维持每隔十几秒钟就转移到另外一个位置。

其次，在我们观看电子产品的时候，视频的这种快速变化，会造成大脑无法正确地编码信息，在这个过程中会释放出多巴胺，让我们保持愉悦，但是它就像烟一样，很快就烟消云散，这种特性会造成我们的记忆受损，极大影响大脑的记忆功能。

除此之外，长期观看电子产品，会造成大脑前额叶皮质结构性萎缩，在记忆、思维、想象、计划、组织、执行、策略等方面均有可能受到影响。大脑的发育，重点就是大脑前额叶皮质的发育，前额叶发育得越好，大脑的功能越强。

虽然电子产品可以让我们短暂的快乐，但是对于大脑的发育会产生极其不利的影响，因此，特别是12岁前的儿童一定要限制电子产品观看的时间。

十五、发育迟缓儿童提升安坐能力的3个技巧

【安坐能力是孩子认知、语言、逻辑、注意力等多方面发展的基础。一个能够安坐的孩子，往往能够更好地集中注意力，更好地与外界环境产生适切性互动，从而推动其大脑的发育。如果一个孩子无法安坐，那么他在学习、社交等各个方面都会出现困难。因此，提升孩子的安坐能力，是非常重要的内容。】

1. 手部精细动作练习

手部精细动作的发展与大脑皮层高级功能区的发展密切相关，通过手部操作的练习，比如搭积木、串珠游戏，不仅能够练习安坐能力，还能促进大脑的发育。

搭积木游戏：准备一些积木，让儿童进行积木的拼搭。

串珠游戏：准备一些小串珠以及细绳，让儿童左右手配合

进行串珠。

2. 视觉运动整合训练

发育迟缓的儿童完成任务的时候存在困难，大多与视觉运动整合能力不足有关，通过拍篮球、拍气球、乒乓球等球类训练游戏可提升儿童视觉运动整合的能力。

拍篮球：家长准备一个篮球，让儿童原地拍篮球。

向上拍气球：家长准备一个吹起的气球，引导儿童连续向上拍，气球的高度要求必须越过头顶，同时不能掉落。

3. 触觉系统按摩

触觉系统反应过度的儿童，对外界环境中的信息处理过于敏锐，所有的信息都要接收，进而造成儿童无法安坐，状态不稳定的情况，因此需要通过特定的触觉按摩来稳定儿童的状态。

家长可以在家中与儿童玩以上的游戏，以促进儿童的安坐能力、精细动作以及视觉运动整合能力的发展，帮助儿童促进大脑的发育，同时，要求家长在玩游戏的过程中一定要互动，参与到儿童的游戏中。

十六、重度发育迟缓儿童10个干预小技巧

【我在评估的过程中发现，重度发育迟缓的儿童基础能力大多都比较差。基础能力对于重度发育迟缓的儿童是一种十分重要的能力，掌握了基础能力，高阶

的很多能力才能逐步发育出来。下面10个干预小技巧可以用来帮助我们。】

1. 眼神对视训练

可以通过玩“看着我”的游戏，开始的时候，可以让儿童玩游戏，家长下达指令说“看着我”，儿童眼神就要看过来。

2. 指令输入训练

下达比较简单的指令，比如站起来、蹲下等指令，让儿童完成。

3. 镜像模仿训练

模仿能力也是重要的一项能力，可以通过做动作类的模仿开始，家长示范，儿童模仿。

4. 指令回馈训练

教会儿童对指令做出快速准确的反馈，家长可以将儿童喜欢的物品拿起来，吸引儿童的注意力，然后下达指令，让儿童完成。

5. 配对

儿童的指令能力、模仿能力提升了，就可以进行简单配对能力的训练了，可以先从简单的物品配对，再到颜色与物体间的配对，最后到物品与数字间的配对。

6. 语言模仿

语言的模仿是语言发展的重要环节，可以从单字到叠词、词语再到句子的顺序来模仿。

7. 物品识别训练

可以从常见的物品辨别开始，比如拿起椅子、牙刷、毛巾等，让儿童进行分辨。

8. 视觉区辨训练

准备两张图片，让儿童找不同，可以先从简单的开始。

9. 视觉转化训练

教会儿童说出常见物品的名称，然后匹配相应的卡片。

10. 回应训练

下达指令或者进行提问，让儿童进行回应。

以上10种基础能力的训练，可以帮助重度发育迟缓儿童综合能力的提升，家长可以根据我们提供的思路，延展不同的训练方法，提升儿童的能力。

第二章　早期（3 岁前）带养规范

【3 岁前是孩子生命中非常关键的时期，这段时间内孩子的大脑发育迅速，同时也奠定了孩子的性格、社交能力、语言能力和情感发展的基础。家长在这个阶段扮演着至关重要的角色，采用科学的带养方式与方法，才能促进儿童健康、自信、快乐地成长。】

一、0～3 岁婴幼儿发育详解

【婴幼儿早期要做一系列的筛查，如抬头、抓握、翻身、坐立、爬行、站立、行走等检查儿童发育状况，很多父母没有刻意了解婴幼儿发展里程碑，没有去引导婴幼儿完成，可能就会引发运动性的迟缓，父母提

前了解能帮助婴幼儿更好习得这个阶段的能力，为下一阶段的发展奠定稳固的基础。】

1～2 月龄婴儿：可以俯趴在床上做抬头动作，当拍手的时候，婴幼儿也能够把头转向声音的位置。

3 个月龄婴儿：可以完成翻身的动作，俯卧在安全垫上，可以抬头与地面垂直。

4～5 月龄婴儿：仰躺在安全垫上，把婴儿拉起到坐姿的时候，儿童能保持坐姿，可以用手去抓物，自己开始尝试独自抱奶瓶喝奶。

6 月龄婴儿：可以独自保持坐姿，呈坐立姿势，并且能够坐稳，可以旋转头部，注视周围人或者物体。

7 月龄婴儿：能够在坐姿的状态下自己转换成跪坐，能够向左或向右转头去观察人或物体。

8 月龄婴儿：上下颚开始发展，在吃东西的时候有咀嚼动作的出现，可以用手把食物抓起来吃。

9 月龄婴儿：在辅助下完成站立姿势，松手后可以独自站立短暂时间。

10～11 月龄婴儿：可以独立站立，可以坐位自由玩，可以四处爬行。

12 月幼儿：坐在矮凳上能够坐稳，不会倒下去，家长拉住幼儿的一只手，幼儿可以向前行走，能用拇指和食指捏较小的物体。

13～14 月幼儿：可以独立走三四步，用双手或者单手，玩滚动的玩具，用手去拧螺丝等可旋转的物品。

15 月幼儿：家长拉着幼儿的手，幼儿可以上下台阶，独自搭 2～3 块积木。

16～17 月幼儿：在空地上可以行走，并且能在行走的过程中自己改变想走的方向，手腕的力量加强，可以用手掌把桌面上的黏土压成扁平状。

18 月幼儿：可以一只手扶着上楼梯，几页几页翻书，用鞋带绳穿进大珠子。

19～20 月幼儿：给幼儿一个物体可以向上抛，在空地上不需要辅助可以独立进行站立并且能够抬起一只脚。

21 月幼儿：可以自由转换从蹲位到站位，从站位到蹲位，可以进行双脚跳跃。

22～23 月幼儿：可以两步一阶的方式上楼梯。

24 月幼儿：可以一级一级上楼梯，跨越障碍物，可以搭 6～7块积木。

25～26 月幼儿：了解一部分工具的特性，可以使用锤子类敲打工具。

27 月幼儿：在空地上摆上障碍物，儿童可以绕过障碍物，从空地的一端跑到另一端。

28～29 月幼儿：可以把相同的方形积木摞在一起，可以用

4 根手指握笔，模仿别人在纸上画四边形。

30～35 月幼儿：能够简单做出动作的计划，先做什么，再做什么，能够以一步一阶的方式上楼梯。

36 月幼儿：两脚交换上下楼梯，用双脚踩踏三轮儿童车的踏板，没有辅助的情况下可以单脚站立 1 秒以上。

二、婴幼儿会有感统失调的问题吗？

婴幼儿会不会有感统失调的问题？答案是会的，婴幼儿早期就开始进行感觉统合的发育，当胎儿在母体子宫内第七周时，触觉系统开始发展，胎儿在 5 个月大时，就开始感受母体身体活动，6 个月大时前庭感受器——半规管就已经达到成人的尺寸，当婴儿出生后，口部和手部也是最先依赖于触觉系统的感知进行吸吮和抓握，出生的一瞬间也会通过前庭感受器感知自己身体与地球重力的感觉，所以从早期，婴幼儿各个感觉系统就已经开始发展和运作，因此婴幼儿早期也会伴随有感觉统合的障碍，只是大多数家长在孩子年龄还小的阶段没有观察到，很难去发现，只有等到孩子步入幼儿园或小学阶段时，很多家长通过和同龄孩子的对比才发现。

儿童出现感觉统合障碍在早期也会有一些症状，例如：婴儿期经常哭闹，很难被安抚、不喜欢头部放倒，例如平躺换尿布；有的小朋友打预防针不会觉得疼，没有任何反应；有的发育进程来得慢，3 个月抬头，6 个月坐立，7 ~ 8 个月才能爬行，9 ~ 10 个月能扶站，最迟也是 11 个半月，12 个月龄之后就可以进行独立站立慢慢走路，这些能力婴幼儿来得都会慢，至少慢 3 个月以上。包括手部精细动作方面，2 月龄左右还不会进行简单的抓握，5 月龄左右还不会扶奶瓶，到了 9 月龄还不会咿咿呀呀地学语，发出一些声音。这些都是一些前兆，很多家长都不了解这方面的内容，在前期未观察到，没能做到及时地预防。因此在后期幼儿发展阶段，他们的情绪控制、社交、语言、认知学习等方面的发展都会受到影响。很多家长等到孩子到了上学的年龄才发现这些问题，其实在早期婴幼儿阶段就已经出现了失调的表现。

三、8 种姿势的成熟，是儿童日后身体运用的基础

【根据儿童发展里程碑，儿童从抬头到翻身再到坐姿、爬行、站立、行走、跑和跳跃，这些姿势逐步成熟了，才能发展出身体运用的能力，而身体运用能力是日后工作生活的基础，因此我们要知道，8 大姿势都包含哪些姿势？】

第一抬头，抬头的目的是对抗重力。只要儿童能够抬头，就证明前庭的三对半规管、耳石结构被激活，这是一种原始反

射对抗重力，如果儿童没有自主抬头的意识，说明原始反射就不成熟，也就是前庭颈反射没有被唤醒，无法在完成动作的同时，激活颈部的肌肉群稳定头部。

第二翻身，儿童早期的翻身是用上半身的力量，也就是肩部的力量带动完成翻身的动作，这个动作在完成的时候，头部一定要向上抬起，前庭颈反射成熟了，翻身的时候才能更加地流畅。

第三坐姿，有了抬头、翻身动作的基础，不断地抬头、不断地翻身，肩部、头部以及腰胯部的力量就被激活，就能够稳定躯干，进而就能够完成坐姿的动作。

第四爬行，随着抬头、翻身、坐姿的运用，颈部、肩部、躯干、胯部的肌肉不断地被激活，身体的稳定能力不断提升，进而就能完成爬行的姿势维持。

第五站立，通过不断地爬行，身体姿势不断被拉起，前庭系统在这个过程中也在不断地被激活，前庭系统被激活后，就能够维持身体的平衡，上下肢的肌肉也在不断地激活，慢慢地就可以调整身体姿势做出站姿的动作。

第六行走，在前面爬行过程中有重心的维持与转移，平衡的维持能力，身体肌肉的运作，所以能够在站姿的基础上进行姿势的变换，做出行走的动作。

第七跑的姿势，通过不断地行走，身体姿势稳定性越来越好，重心转移及维持的能力不断提升，平衡的能力不断提升，通过不断地爬行，身体两侧整合运用能力也不断地加强，进而就可以做出跑的姿势。

第八跳跃的姿势，跳跃的姿势需要重心的维持，需要平衡能力，需要对抗重力，这些能力的提升是在前面几大姿势不断完善成熟的基础上完成的。

伴随着8大姿势的不断成熟，身体的姿势控制与维持能力得到了锻炼，身体的力量、肌力肌耐力不断提升，在这个过程中，大脑对身体的掌控能力越来越强，姿势的维持能力也越来越强，有了姿势维持，身体的运用能力才能不断发展起来。举个例子，我们向上抛接球是一种身体运用，如果我们站在一个晃动的球上，就无法完成身体运用的动作，这是由于身体在晃动的球上时，身体姿势无法维持，所以无法完成身体协调运用的动作。因此8大姿势的成熟是身体运用的基础。

四、早期爬行好处多，有利于身体协调和语言发育

【大约在七八个月的时候，儿童进入爬行敏感期，在这个阶段，儿童会进行大量的爬行，爬行会促进身体协调能力的发展，协调能力越好，大脑的专责化越强，大脑的特定功能区特别是语言功能区会被激活，语言发育会得到提升。】

（1）爬行可以说是幼儿首次进行的比较复杂的身体双侧协

调活动，这样的活动可以给他的双侧肢体都带来极强烈的刺激，从而促进大脑皮层上中央沟的形成，为他大脑左右两个半球（大脑双侧）的分化提供有利条件。只有这样，他的大脑皮层上的各个功能区才能进一步实现专责化，对来自他身体的信息进行更正确更有效的解读，也为他的身体下达更明确的指令。所以，如果儿童小时候没爬够，便很容易出现大脑双侧分化不全（大脑功能区不能专责化），大脑经常模糊而混乱地指挥身体。其外在表现就是身体大片用力及不该用力的地方也用力，进而身体协调性就会受到影响。

（2）儿童在爬行的时候，因为身体位置比较低，如果他想要获得更宽阔的视野就必须要把头高高抬起。前庭神经核正好位于大脑后下方，脑干的前面，也就是后颈部稍微往上的位置，所以爬行的动作，正好就能很好地刺激到前庭觉，促进前庭觉的发展。如果早期爬行不足，就会造成前庭系统功能不足，由于前庭系统会将接收到的信息过滤后输入大脑，再经过大脑的统合做出回馈，所以前庭发育不足的儿童在信息的接收和输出方面有困难，语言发展的过程中信息的输入与输出也会受到影响，也就是语言的模仿与学习能力受到影响，进而就会影响到语言发展。

五、包办、限制过多，会影响儿童哪些能力的发育？

【儿童各种能力是逐步发育的过程，是依靠儿童进行重复的运用自己的身体，才能逐步发展出来，家长错误的带养方式，比如包办、代办、限制、剥夺，就会限制儿童使用自己的身体，进而影响儿童能力的发育。】

（1）影响触觉学习。很多儿童被照顾得太精细，没有机会通过触觉获得刺激，因为很多动作被父母代替了，稍有危险或者家长认为的危险就被限制，儿童很难获得更多的触觉刺激。家长不愿意让儿童接受更多的风吹日晒，因此儿童很难接触到复杂的环境，大多儿童都在相对安全、固定的环境里成长，而这样的环境往往会导致触觉学习不足，触觉学习不足会造成儿童适应环境能力不足、爱哭、黏人、安全感不足、情绪控制能力不足。

（2）导致本体发育不足，进而影响胆量和自信心。对儿童限制过多，也包办过多，导致儿童根本就没有自我实践的机会，无法获得丰富的本体觉学习经验，所以在本体觉的发展上就很容易出现各种各样的障碍（比如手眼不协调、身体控制力差、动作不灵活等）。偏偏很多家长因为对这方面知识的不了解，会觉得儿童笨手笨脚是因为年龄小，长大就会好，根本不会放在心上，结果导致儿童的本体觉越来越跟不上同龄儿童的发展步伐，自信心也越来越差。

（3）影响语言、认知、注意力、社会交往能力。人的大脑要想维持正常神经机能、维持正常的状态，一定水平的感觉输入是必不可少的。我们需要从环境中获取触觉、视觉、听觉、嗅觉、味觉、运动觉、本体觉、前庭觉等很多感觉刺激。这些感觉刺激就类似食物一样，源源不断地滋养着我们的大脑，使其维持正常状态。家长如果过度包办、限制、剥夺，儿童得到的感觉刺激输入就会大量减少，大脑就会出现各种不适应，以及各种机能的紊乱。但是人类不会允许这种情况持续恶化下去，我们就会主动出击寻找各种感觉刺激，这就是感觉寻求！因此，感觉刺激不足，会造成大脑功能紊乱，进而会出现高级功能滞后（包括语言、认知、注意力、社会交往等能力）。

六、3 岁前的儿童 6 项精细运动，是日后能力发展的基础

【3 岁前的儿童多进行手指、手部和手腕的精细动作控制，精细动作的能力是身体精确使用自己身体的表现，精细动作越好的儿童，身体的运用能力就会发展得越好，因此，精细动作的发展对日后生活、学习以及各种高级功能的发展提供重要的支持。】

（1）抓握运动：在 4 ~ 6 个月时，婴儿开始使用拇指和其他手指一起抓握物品，这是整体精细运动发展的基础，9 ~ 12 个月的儿童对指抓握能力不断发展，儿童能够用拇指与食指捡起小物品。

（2）手指协调运动：12～18 个月，儿童开始使用拇指与食指拿取物品，手眼协调能力不断发展后，双手配合能力也得到不断发展，能够使用一只手稳定物品，另一只手进行相关的操作，比如拧开瓶盖。

（3）视觉运动整合：出生后儿童就可以用视觉追踪移动的物品，大约 9 个月开始，儿童能够根据指令看向相应物品，并尝试用手触摸或抓握物品。

（4）绘画与书写运动：18～24 个月，开始用拳头或者手侧面握笔，大约 2 岁开始无目的地涂鸦，不断提升书写能力。

（5）积木拼搭运动：大约 18 个月，儿童开始将积木进行拼搭，并能够按照自己的想法进行积木堆叠，促进手部的协调与空间感知能力。

（6）独自穿衣活动：大约 3 岁的儿童，可以进行简单的穿衣动作，比如，拉拉链、扣纽扣，这些运动可以发展手部精细动作和空间定位能力。

因此，3 岁前以上 6 项运动的发展可以促进儿童精细运动能力以及为高级功能的发展奠定基础。

七、早期让儿童看电子产品，是利还是弊？

【早期让儿童看电子产品，既有利也有弊，首先我们说说看电视的有益方面：好的电视内容有利于儿童启蒙教育，也能增长儿童的认知，开阔眼界，有利于儿童更全面的认识社会。如学习字母、数字、形状、颜色以及一些社会规范，也能促进语言以及激发儿童逻辑思维能力的提升。但是家长一定要控制好儿童看电视的时间，世界卫生组织提出儿童接触电子产品时间规划，提出 2 岁以下的儿童尽量不让他看电视，2～5 岁儿童每天看电视时间控制在半个小时内，5 岁以上儿童每天看电视时间最多 1 个小时。】

但是如果对儿童看手机、看电视的时间不加限制，或过早接触电子产品对儿童就会带来以下弊端：

（1）视力下降。看电视时人的眼球处于静止状态，对儿童视力发展是不利的。

（2）影响儿童注意力。长时间看电视、看手机的儿童，因为眼睛一直追随屏幕上跳动的画面，眼部肌张力一直处于比较高的状态，当他转而去观看周围静态的环境时，就会不适应，极容易变得好动不安、注意力不集中。

（3）影响儿童创造力和想象力。电视中的内容会把情景直接展现在儿童面前，儿童不用费心去想也不用费心去创造，而大脑功能就是用进废退，长久不去思考，自然会损伤创造力和想象力。

（4）影响儿童记忆力。电子产品转瞬即逝的特性会使我们的大脑难以正确地编码信息。同时，长时间观看电子产品，会导致额叶皮层的结构性萎缩，进而影响记忆力及思维能力。

了解到看电子产品对儿童成长的负面影响后，家长们即便想通过电子产品对儿童起到某些认知教育的作用，也要有限制地让儿童观看电子产品，不宜过早也不能过多。

八、防止儿童大舌头，发音不清（口部运用）须做好以下几点

【儿童口部运用能力的提升，需要儿童反复去运用唇部、舌部、下颌，要能够掌握口部相关部位基本的运动模式，儿童能够运用了，相关部位才能协同配合，这些能力的发展需要呼吸、咀嚼、吞咽的功能处在正常水平，这三大功能稳定了，才能提供给口部运用的机会，口部运用才能提升，儿童才会有清晰的发音，并促进儿童语言的发育。】

（1）家长一定要少喂饭。喂饭会破坏儿童的口部运用，因为在喂饭的过程中，口部肌肉不需要进行共济收缩，不需要协调运作就可以完成饮食，所以这种能力就得不到发展。

（2）注意添加辅食的时间。不宜长期让儿童吃流食，因为吃流食的过程中，口腔肌肉得不到锻炼，进而影响口部运用的

能力，包括发音的清晰度。

（3）可以多让儿童吃一些有嚼劲的食物。有嚼劲的食物对口腔肌肉的要求比较高，有利于口部运用能力的提升。

（4）家长要塑造丰富的语言环境。经常与儿童进行语言的交流，提升儿童语言运用的能力，语言能力能够在大量运用过程中得到提升。

（5）家长时间充裕的情况下，可以适当融入舌部运动操：

1）将舌头前伸，越长越好，停留 5 秒再做缩回后适当进行放松。

2）快速将舌头伸出后，然后缩回，连续 5 ~ 10 次。

3）将舌头前伸，向左或向右舔嘴角，并停留 5 秒再缩回后适当进行放松。

4）将舌头前伸，将舌头向左右嘴角连续移动 5 ~ 10 次。

5）将舌头前伸，伸向上（下）嘴唇，停留 5 ~ 10 秒再缩回后适当进行放松。

想要防止儿童发音不清，家长需要做好以上 5 种方法技巧，帮助儿童提升口部运用能力，进而提升发音的清晰度。

九、3 岁前是注重卫生，还是注重感觉刺激？

有些家长，因为有洁癖或者怕脏，不让儿童在地上爬、不允许儿童玩水、玩沙，甚至经常把儿童抱在怀里或不许儿童下地，这都会造成儿童早期获得的感觉刺激不足，各种各样的感觉刺激是大脑发育的营养和食物，并源源不断地滋养大脑的发育。如果把大脑比作是一棵小树苗，那么感觉刺激就是水源，小树苗需要水源才能茁壮成长，有了感觉刺激大脑才能发育是同样的道理。如果3岁前，家长过于注重卫生，就会阻碍儿童获得感觉刺激的机会，造成儿童感觉刺激不足，影响大脑的发育，进而大脑的机能就会降低，很多高级功能就有可能受到影响，比如语言、注意力、社会交往、学习认知等能力，因此，早期家长需要注重儿童感觉刺激的输入。

十、触觉刺激为什么在3岁前进行训练？

触觉系统不仅是人类分布面积最广的感觉系统，也是人类发展最早的感觉系统。人类在胚胎时期一共有三层，最里面一层叫做内胚层，将来会发展为各种器官，中间一层叫做中胚层，将来会发展为骨骼、肌肉、消化系统和呼吸器官等，最外面一层叫做外胚层，将来会发展为皮肤和神经系统等。这也就意味着人类的触觉系统和神经系统其实是一体的。

大脑的早期发育机不可失，各大感觉系统都存在生理优势也是我们必须重视儿童早期感觉统合能力发展的主要原因之一。什么叫生理优势呢？就是所有感觉系统的发展优势都是随着年龄增长而逐渐减弱的，反过来讲，年龄越小，儿童的生理发展优势就越强（1 岁之前最强，3 岁之前次之，6 岁之前又次之，之后是 12 岁之前，最后是 20 岁之前）。当然，这从本质上来看，还是大脑神经网络连接的缘故。儿童在早期获得的感觉刺激越多，大脑的网络连接就越丰富，相对应的感觉系统也就越发达。比如触觉，如果儿童在小时候获得了丰富的触觉刺激，那么他的触觉神经网络就会迅速发展庞大，相对应的，大脑在控制触觉，指挥触觉功能方面就更有力，可是过了 6 岁之后，尤其是 12 岁之后，神经网络的生长连接速度大大降低，甚至大部分网络已经开始固化，那么，触觉的发展也就几乎到了极限，此时即便你给予很多的触觉刺激，触觉也不会再有多么大的发展。所以，父母一定要抓住儿童的成长早期，特别是 3 岁以前，给予丰富的触觉刺激，帮助他最大化地实现感觉系统与神经系统的互动与共进！

十一、3 岁前儿童喜欢跑动，需要阻止吗？

【皮亚杰的认知学说提到：3 岁前儿童的发展就是感知运动阶段，通过感知和动作认识外界，在这个阶段儿童就是会通过大量的跑、动、走跳、手部触摸等，增加自己感知运动的发展，以适应周围环境，在这个过程中儿童能获得对外界事物的一些认知，并发展出模仿能力。儿童的这个“动”是有目的地动，有意义的“动”，这种动就不需要阻止。反之如果儿童一刻停不下来，该安静的时候也无法保持安静，这种情况下就需要适当地做些干预，可能他存在感觉寻求的行为。】

人的大脑要想维持正常神经机能，维持正常的状态，一定水平的感觉输入是必不可少的。我们需要从环境中获取触觉、视觉、听觉、嗅觉、味觉、运动觉、本体觉、前庭觉等很多感觉刺激。这些感觉刺激就类似食物一样，源源不断地滋养着我们的大脑，使其维持正常状态。一旦这些感觉刺激被剥夺、被中断或者被限制，那么儿童就会采取非常规手段来获取这些刺激，换句话说，倘若没有多样化的感觉刺激持续输入，大脑就会出现各种不适应，可能就会出现各种机能的紊乱。但是人类不会允许这种情况持续恶化下去，我们就会主动出击寻找各种感觉刺激，这就是感觉寻求！

一旦儿童有了感觉寻求的现象，就在向家长发信号。这个信号表达两层意思：第一，你的带养方式需要升级了，存在着过度包办、限制和代替成长的行为，给儿童的大脑“断粮了”；第二，我需要感觉刺激，你们赶紧帮我来弥补，否则我的大脑就“饿”坏了。所以当你的孩子特别喜欢跑动，且跑动没有意义的时候，你需要做的就是抓紧时间帮助其进行感觉刺激的弥补。“不阻止”他的跑，但不阻止并不是任其乱跑乱动，家长可以通过专业的感觉统合训练来改善，也可以把儿童的无序疯跑引导为有序的户外运动，如跑步、踢球、爬行等，既满足了儿童好动的需求，也提供了感觉刺激，一举多得。

十二、2 岁宝宝穿衣服的时候爱哭是怎么回事？

2 岁左右的宝宝穿衣服爱哭从感觉统合的角度分析，主要与触觉防御、触觉系统功能发育不足有关，衣服等与皮肤接触，儿童无法适应，造成比较排斥穿衣服，接下来我们进行解析：

（1）和触觉系统发育不完善有关。尤其是原始触觉系统过于强大，原始触觉系统主要掌管攻击、逃避与防御，当触觉系统接受外界的温度、湿度、疼痛、压力、振动或新的感觉刺激时，会解读为不舒适或不安全的感觉刺激，因此宝宝对于穿毛衣或者带有标签或者衣袖比较长的衣服会表现出逃避现象，或者不喜欢穿这一类衣服，或者在穿衣服的时候表现出排斥行为。

（2）和年龄有关。如果是在 2 岁以前属于正常现象，这个时期的触觉防御不用过于担心，在这一阶段原始触觉系统比较强大，但是如果是 2 岁以后就需要重视了，需要用一些方法将宝宝的触觉防御降下来，我们可以用如下的方法进行：可以玩一些触觉类互动小游戏，比如爬山的游戏，在儿童身上点一点，也可以使用触觉刷给宝宝刷身体，刚开始宝宝可能不配合，我们可以每天少量多次地给儿童融入，可以先从宝宝能接受的部位开始进行，坚持一段时间后，你会发现，慢慢地宝宝就能够配合穿衣服了。

十三、20个月的宝宝吃手、咬指甲需要制止吗？

咬指甲其实是一种高强度的感觉刺激，慢慢你会发现很多儿童都不用剪指甲，因为指甲都没有了，到最后肌肤破裂，鲜血流出。在日常训练中还会发现一种现象——打头、撕手皮。你要知道这些刺激都和什么有关？疼痛！儿童制造疼痛是为了什么？自我虐待吗？儿童还这么小，一般情况下出现这种现象，大多是在获得非常强烈的感觉刺激来激活大脑，各种刺激都可以激活大脑，因为越危险、越强烈的感觉刺激对大脑的激活效果越好，儿童采取这种强烈刺激的行为，说明什么？儿童的神经激活度已经降得很低了。家长在这个时候就需要注意20个月大的儿童，寻求这么强烈、高强度的感觉刺激，代表儿童长期的感觉刺激不足，造成神经激活度出现了异常的情况。宝宝有这个行为，其实是宝宝在自我弥补，不想让自己的神经激活度一直这样掉下去，这是大脑的本能。

但是从另外一个角度说的话，儿童采取这么强烈、高强度的感觉刺激，说明这个问题家长已经不能忽视，需要家长积极去面对处理，比如转移儿童的注意力，让他帮你拿个物品，让他的手用起来，避免长时间养成不好的习惯；另一方面增加儿童手部触觉刺激，准备一些五谷，大米、小米、玉米粒、豆子等，让儿童手伸进去揉搓，同时家长也可以通过按摩手法对儿童手部做触觉按摩，增加儿童所需的感觉刺激。

十四、6个月宝宝总是把玩具倒着放是刻板行为吗?

宝宝倒放玩具的这个行为，属不属于刻板行为，要看他倒放玩具的时候，能不能进行互动和变换不同的形式，如果可以那就不属于刻板行为，家长就不用过分担心。从感觉统合的角度，我们分析一下宝宝把玩具倒放的原因。当宝宝将玩具倒放的时候，是一种视觉寻求的现象，一般情况下，宝宝把玩具倒放以后，还会有视觉转移的表现，也就是会自己晃动身体观察玩具，因为倒放玩具的动作视觉刺激还不够强烈，加入身体的移动，来增强视觉刺激的强度，也就是我们讲的视觉寻求，是通过触觉、视觉等感觉刺激来激活大脑。如果6个月的宝宝有视觉寻求的现象，同时面临大脑激活程度不够，必须要增加感觉刺激输入的话，可以适量进行触觉刺激的输入，来提升感觉刺激输入，进而提升大脑神经激活度。伴随年龄的增长而提升，各个感觉系统的分工会越来越明确，当宝宝会走路以后，视觉刺激就会被前庭刺激所代替，如果宝宝会走、会跑了以后还会有视觉寻求的现象，证明前庭的刺激量不足了，就需要进行前庭系统相关的训练，比如将旋转类活动，奔跑、跳跃类活动适量地进行融入，以满足前庭系统功能发展的需求，从而提升大脑的机能。

十五、1 岁半的宝宝不会讲话是语言迟缓吗?

1 岁半的宝宝还不会讲话不一定就是语言迟缓，还要结合其他情况做综合分析，观察他对外界语音的感知，对声音的分辨和理解力。即生活中对家长指令的回馈，能分辨出这是小狗的叫声，这是妈妈的声音等，在家长说某个常见物品时，儿童能望向物品的方向。

如果宝宝能理解，也能明白家长表述的简单意思，那就不用过于担心，有语音的接收和理解就会有语言的表达，只是有些宝宝说话的时间比较早，有些宝宝说话的时间比较晚而已，家长在这个阶段多注重家庭语言环境，多和宝宝说话并引导宝宝开口模仿发音即可，但是即便都理解的情况，如果已经推迟到满 20 月龄，孩子还不会讲话，家长仍需要带孩子去做检查。

但是对于已经 1 岁半了还不会讲话，对外界语音无过多分辨与感知的（排除听力障碍情况），能听到声音但就是不能对家长说出内容做太多反馈。家长说生活中常见物品，宝宝也表现得很迷茫，并且与父母之间做情感互动时也表现得比较呆滞或情感单一，家长就需要多加关注，可能孩子出现了感觉统合障碍，大脑无法对各感觉系统接收到的信息做加工和处理。因此无法及时做有效的回馈，而感觉统合出现障碍就会影响儿童语言的输出，造成儿童语言出现迟缓的情况，家长就需带孩子去专业权威的机构做全面的评估，检查儿童语言发育情况，及时做针对性的干预。

十六、1 岁 9 个月宝宝行走过程中不会摆臂是什么原因？

首先我们要知道，在走路的过程中摆臂的作用是什么？举个例子，当我们走路向前跨出左脚的时候，左手的位置要向后运动的，否则就会出现同手同脚的情况，走路的动作也会非常笨拙，一般情况下，手和脚的动作是相反的，这样做的目的是什么？是为了好看吗？当然不全是，其主要是为了让走路过程中身体姿势更加的稳定。人在走路的过程中，身体的重心会出现转移，这种转移主要是左右方向上的，如果重心转移过大的话，对身体姿势维持的影响也就越大，这种影响就好比我们快要摔倒的时候，身体要向摔倒相反的方向做出快速转移，目的是通过反方向的调整让身体晃动的幅度与范围减小，让身体姿势更加的稳定，所以当我们向前跨出左脚的时候，身体的重心往后倒，伸出右手的时候，可以将身体重心往回拉，我们在走路过程中摆臂的目的是让我们的动作姿势更加的稳定、更加高效，这就是背景姿势。背景姿势主要是前庭系统负责的，从三四岁开始，儿童前庭系统才逐渐成熟，而 1 岁多的宝宝前庭系统正在发育中，走路过程中出现不会摆臂的现象，家长不用过分担心。

十七、2岁前的儿童胆子小、害怕新环境是有什么问题吗？

2岁前的儿童胆子比较小，是正常的表现，儿童的触觉有两个体系，其中一个叫做原始触觉系统，另一个叫做先进触觉系统，原始触觉系统的作用就是攻击、逃避、防御，换句话说，它会感知环境中危险的信息，因此会比较敏锐，特别是对温度、湿度、疼痛、压力、振动等信息都可以进行解读，这个系统的主要目的是防御，以保护自身免受伤害；先进触觉系统主要掌管沟通与辨识，还赋予了我们社会性的生活方式。

所有新的东西，从某种意义上讲都是具有潜在危险性的，所以在陌生环境下，就会激活原始触觉系统，这个系统一旦被激活，儿童在反应上就是本能的防御反应。同时应对这个潜在的危险，我要不要采取强硬的攻击、逃避、防御，这些都是为了让他自己能够适应当下环境，这种类型的行为在0~2岁之间的儿童群体中表现得比较突出，这是由于原始触觉系统在这个阶段比较强大，先进触觉系统还未发展出来，儿童可能还会有打人、咬人、推人等各种异常行为，同时还有逃避的情况，总是表现出比较恐惧的状态，喜欢躲到家长后面，这些都是原始触觉系统比较强大的表现。因此，2岁前儿童如果胆子小、害怕陌生的环境，家长不用过分担心。

十八、3 岁前的儿童为什么要父母亲自带？

0 ~ 3 岁是孩子与父母培养感情的最佳时期，也就是亲子依赖关系一定要建立起来，千万不能晚于这个时间。当然，很多时候父母工作繁忙，很难做到这一点。从另外一个角度说，儿童越小的时候，需要父母的陪伴就越重要。但是很多家长的观点恰恰与此相反，总是感觉儿童在 1 岁前好像认知能力比较差，认人也比较困难，脑子好像还不是很清醒，其实在这个时间是最难带的，我们这里说的是情感上的照顾，如果让保姆或者爷爷奶奶进行带养，长大后开始认人了，父母再接手，那么这种错误的观念会丧失亲子依赖关系建立的时间，在儿童小的时候，对于妈妈的依赖是最强的，也容易在妈妈身上建立亲子依赖关系。如果父母由于工作忙没有时间照顾孩子，3 岁前不能亲自带，就会造成儿童亲子安全感不足，这一类型的儿童很可能会表现出胆小、怕生、害怕陌生的环境、情绪控制差等现象。因此，孩子 3 岁后可以适当交给爷爷奶奶带，2 ~ 3 岁之间的话，能够算得上是一个过渡时期，给宝宝一个适应的时间，最佳的时间一定是3 岁，我们学前教育就要求 3 岁之后的儿童逐步进入幼儿园是有一定道理的。

十九、如何做才能让孩子睡得好，吃得好呢？

人类的第一个生理周期就是睡眠，如果想让孩子的大脑发育得好，一定要保证充足的睡眠时间，睡眠的过程就是大脑自我修复调整的过程，特别是在这个过程中身体对细胞进行调整，并释放生长激素，对骨骼肌肉发育至关重要，同时，良好的睡眠对情绪调节、减少压力、缓解焦虑也有积极的作用。睡眠过程中对记忆巩固起到重要的作用；均衡的营养确保身体发育必需的营养素，合理的饮食结构为日常活动提供充足的能量，支持身体运动、思维活动并促进新陈代谢。因此，只有睡得好，吃得好，才能长得好。

关于睡眠需要规律作息，建立起固定的睡眠以及起床时间，应减少电子屏幕使用的时间，保持卧室安静，适宜的温度，减少对睡眠的干扰。饮食方面，需要按时、定量吃饭，不可暴食暴饮，饮食一定要清淡，多样化，多吃丰富的蛋白质、蔬菜和水果。

二十、3 岁前是先练习精细动作，还是练习大肌肉群？

【3 岁前，应先发展大肌肉群，人体肌肉的发展是有先后顺序的，身体肌肉的发展同样遵循身体发展的规律及神经系统发展的规律，包括运动经验的积累，

应优先发展大肌肉群再发展小肌肉群，也就是精细动作的发展。】

（1）儿童身体发展的早期阶段，头部与躯干的控制能力先于下半身发展，先学会了头部的动作即抬头，然后逐步翻身、坐、爬行、站立和行走；其次，儿童遵循从近端到远端的原则，先由躯干然后扩展到四肢的发展，先学会躯干的控制，再发展手臂与腿部的协调动作，最后遵循从简单到复杂的原则，从基本的运动再到复杂的精细动作，因此 3 岁前的儿童先练习大肌肉群，再练习精细动作。

（2）神经系统的发展也是循序渐进的过程，在 3 岁前，大脑的控制中心先发展对大肌肉群的控制能力，伴随大脑皮质的成熟、神经通路的建立与完善，对精细动作的控制也逐步成熟。

（3）早期儿童大肌肉群的发展，为儿童提供了相关运动经验，这些经验都是精细动作技能发展的基础，比如当儿童学习爬行与行走时，力量以及身体稳定性不断发展，肩部等大肌肉群不断稳定，大臂、小臂逐步稳定，进而整个手臂就稳定了，手臂稳定了，后续的手眼协调及精细动作才能逐步发展起来。

因此，3 岁前一定要先练习大肌肉群，再练习精细动作。

二十一、3 岁前 6 种行为，会“伤”到儿童的言语/语言发育功能

【3 岁前，儿童的言语/语言处于发展的关键阶段，

这一时期的不良行为或者环境会影响儿童的言语/语言的发育，比如过早过多接触电子产品、语言环境单一、过度包办、代办、过度保护、流食多、咀嚼少、缺乏同龄玩伴、户外活动的机会比较少等。】

（1）过度使用电子产品。长时间让孩子观看电子产品，如平板电脑、电视、手机等，会减少与人语言沟通运用的机会，影响语言的发展。同时，观看电子产品时，只是单向的信息输入，没有回馈，会造成神经回路建立困难，语言的输出是需要神经回路建立的，否则只有大量的输入而没有相应的回馈。

（2）缺乏语言环境。提供给孩子的语言环境单一，缺乏相应的语言输入，会限制儿童语言词汇的积累。

（3）过度包办、代办。过度保护，会限制儿童通过游戏和探索自然学习语言的机会，同时过度地包办会造成语言发展的需求降低，降低语言发展的动力。

（4）早期流食多、咀嚼少，这样会造成儿童口部运用的机会减少，进而唇、舌、下颌的基本运动模式会出现障碍，影响语言运用时唇、舌、下颌的共济收缩及协调运作，影响言语/语言的发育。

（5）缺乏同龄玩伴。早期儿童在进行言语/语言运用的过程中，需要同龄玩伴的支持，同龄玩伴之间更容易进行交流，他们会用肢体语言、情绪语言以及互动交流的语言。

（6）户外活动机会少。户外的环境中，儿童可以进行大量语言词汇的积累，语言运用能力也能得到提升，如果减少户外活动，就有可能造成语言运用能力不足。

因此，家长一定要避免以上 6 种行为，防止儿童出现语言发育迟缓的现象。

二十二、3 岁前眼神不对视，疯跑、好动是怎么回事？需要阻止吗？

针对 3 岁前疯跑、好动的现象，我们首先要看儿童在进行疯跑、好动的过程中是否有目的性及目标，也就是说如果有目的性地疯跑，与小朋友之间的游戏互动，或者进行其他有目的性的活动，我们不用特别地担心，这是儿童在通过疯跑、好动的方式进行社交互动或者其他有目的的活动，这属于正常的行为。

但是如果是属于无目的、无动机的疯跑、好动，家长务必需要重视了，要想维持人的大脑的正常神经机能，维持正常的状态，一定水平的感觉输入是必不可少的。我们需要从环境中获取触觉、视觉、听觉、嗅觉、味觉、本体觉、前庭觉等很多感觉刺激。这些感觉刺激就像食物一样，源源不断地滋养着我们的大脑，使其维持正常状态。一旦这些感觉刺激被剥夺、被中断或者被限制，那么儿童就会采取非常规手段来获取这些刺激，换句话说，倘若没有多样化的感觉刺激持续输入，大脑就会出现各种不适应，可能就会出现各种机能的紊乱。但是人类不会允许这种情况持续恶化下去，我们就会主动出击寻找各种感觉刺激，外在表现就是疯跑、好动，因为在这个过程中有大量的视觉刺激、前庭刺激、本体刺激，这也就是儿童在进行感觉寻求。

一旦儿童有了感觉寻求的现象，就在向家长发信号。这个信号表达有两层意思：第一，你的带养方式需要升级了，存在着过度包办、限制和代替成长的行为，给儿童的大脑“断粮了”；第二，我需要感觉刺激，你们赶紧帮我来弥补，否则我的大脑就“饿”坏了。所以当你的孩子特别好动疯跑，你需要做的就是抓紧时间帮助其进行感觉刺激的弥补。

二十三、3 岁前谁带养更合适？

3 岁前是儿童成长的关键时期，出生后的头 3 年，完全依赖于别人的抚养，这一阶段的带养者对儿童身心发展有重要的影响，同时，0 ~ 3 岁是情感培养的阶段，这个时间儿童对外界环境的信息以及对情感的需求是非常高的，他要感知周围的一切，记住每个人的声音、相貌、气味等，并且从亲子抚触中获得安全感，这是心理健康的基础，父母更容易满足以上这些要求。

0 ~ 3 岁时父母特别是母亲带养很关键，母亲与孩子之间的天然亲密联系有助于建立孩子的安全感与亲子依恋关系，同时，母亲能更细致地观察与了解孩子的各种需求。父母的陪伴会融入更多亲子互动游戏，高质量的陪伴也会更加充足，因此需要父母亲自带养。

同时，在 3 岁前，不建议保姆或者老人带养，他们为了保证孩子的安全，极有可能对孩子进行包办、代办、限制、剥夺，进而造成儿童早期得到的感觉刺激不足，引发感觉统合失调。

二十四、3 岁前觉醒度异常的原因有哪些？

3 岁前感觉刺激不足，可能是由于家长包办、代办的限制，造成儿童早期获得的感觉刺激不足，引发感觉输入障碍，感觉注册障碍，大脑长期得不到信息，神经传导通路的质量也会降低，同时也会影响到感觉调节。信息输入大脑之前，要先在前庭系统进行初步处理，就好比进入商场买东西的人是信息，商场是大脑，商场大门就是前庭系统，信息通过前庭系统进入大脑，就好比经常有人进去、出来，门的智能性会越来越好。如果 3 年没有一个人进来，商场的经营一定会出现障碍，也就是感觉注册不良，造成信息没有机会通过前庭系统进入大脑，大脑得不到信息，大脑的觉醒度一定会出现异常。

感觉调节其主要目的是调节觉醒度，大量的感觉输入会让你更觉醒，通俗一点讲，就是觉醒度太高了，通过感觉输入将觉醒度拉下来；觉醒度太低了，通过感觉输入拉升提高，这是为了维持觉醒的一种动态平衡，保证大脑正常运转。

二十五、3 岁前儿童如何预防感统失调？

【当今社会，儿童发生感统失调的概率越来越高，其实大多造成感统失调的原因，从日常带养中总能找到答案，因此，在不同阶段，家长能掌握预防感统失调发生的方法就至关重要。】

（1）孕前母亲应该做好充足的准备，调理好身体，头 3 个月可以进行适量的运动。

（2）0～6 个月阶段，家长要注重对婴儿“吸吮、伸展、嗅闻、观察、倾听”等能力的培养。

①为锻炼孩子专注凝视的能力，请经常在 20～30cm 的距离内对着孩子做表情；②从孩子两周大开始，为他做触觉按摩和肢体伸展；③在床前或床旁，悬挂会旋转、会发声的玩具，引导孩子追视和转头；④经常对着孩子说话，让孩子练习倾听和注视；⑤让孩子多多嗅闻手帕、毛巾，帮他找到自我安抚的依恋物；⑥让孩子的头靠着父母的肩，扶着他的颈和背进行左右摇晃，或用双手将他从腋下抱起转圈；⑦让孩子在滚筒上练习俯趴、抬头、转头；⑧让孩子在不同触感的床单上练习俯趴、

翻身。

（3）6个月到1岁阶段，家长可以多让孩子进行一些像“摇铃、敲击、取物、手指动作、爬行、扶走”之类的活动。

①经常让孩子练习拿着不同质感、重量的玩具投到盒子里的动作；②经常让孩子在仰躺姿势下，握着他的手将他拉起成坐姿；③让孩子玩摇摇铃、敲击桌面、投掷玩具的游戏；④让孩子拿积木或类似大颗粒的物品；⑤带孩子玩开关抽屉，把东西拉出来，撕纸、翻厚纸板书页，手指插入洞孔中等游戏；⑥引导孩子模仿自己的动作，比如用手指物、拍手、挥手再见等；⑦把孩子抱在怀中，进行左右摇晃，做宝宝体操；⑧让孩子练习爬行，顺序为：匍匐—跪爬（膝和手掌着地）—站爬（脚掌与手掌着地）；⑨当孩子能够借助辅助开始走路之后，经常牵着孩子的手到处走走。

（4）1~2岁阶段，应该注重他们“行走、攀爬、追跑、涂鸦、垒积木、仿说”之类能力的培养。

①让孩子学习自己脱鞋子、袜子、裤子，用汤匙和杯子等；②让孩子练习插棒，抓笔涂鸦，垒积木，把简易几何积木嵌入盒子里等；③给予孩子按电视遥控器，按键玩具和玩具钢琴的机会；④和孩子一起玩投掷小球、抛接海洋球、滚接球等；⑤引导孩子爬上爬下（比如爬楼梯），牵着他的手上下楼梯，以及倒退着走；⑥爸爸跪爬，让孩子骑坐在他的背上玩骑马游戏，及坐摇摇车等；⑦让孩子在浴缸中，体验站立和行走；⑧带着

孩子在不同的地面上走路、跑步，以及绕着家具跑，踢球，追球等；⑨给孩子简单的指令，让孩子按指令做事，给孩子输入语言概念，让孩子模仿说话，简单表达，哼唱。

（5）2～3 岁阶段，家长应该侧重给孩子提供“听故事，律动，玩游乐设施，动作技巧，扮演游戏”的机会。

①多让孩子玩水、玩沙，玩触摸辨识物品等触觉游戏；②让孩子学习穿脱裤子，鞋袜，解开大衣的纽扣，以及旋转水龙头，洗脸刷牙等；③教孩子画圆形、正方形等形状，用木槌敲打木钉，穿珠，模仿对折纸，剪纸，丢接球，以及拼装玩具，把玩具分类排序，物归原处等；④教孩子唱儿歌，摇摆身体，打拍子，打击乐器等；⑤带孩子玩角色扮演游戏，利用玩具电话对话等；⑥教孩子区分性别，归类颜色，嵌入几何图形，分辨大小，套杯子，点数，简易拼图，搭简易积木造型等；⑦和孩子玩投篮，互踩影子，老鹰抓小鸡等；⑧让孩子经常爬楼梯，溜滑梯，荡秋千，坐跷跷板，搭乘扶梯等；⑨让孩子练习双脚连续跳，往前跳，从台阶上跳下，走直线，骑三轮车等技巧性动作；⑩在吃饭的时候，让孩子嗅闻、品尝和猜猜是什么食物。

二十六、3 岁前如何预防发育迟缓和自闭症的发生？

【有视力却不愿和你对视，有语言却很难和你交流，有听力却总是充耳不闻，有行为却总与你的愿望

相违，这是发育迟缓与自闭症比较典型的表现，造成如上情形的原因有很多，但是总能从家长的带养方式上找到答案。】

因此在 3 岁前预防发育迟缓与自闭症，需要家长做到以下几点：

（1）孕期定期筛查，出生后及时做发育里程碑，评估孩子的身体与心理发展情况。

（2）孕期应避免抽烟、饮酒、服用不良药物，进行适量的运动，同时要控制电子屏幕观看时间。

（3）保证充足的睡眠与合理的饮食，充足的睡眠可以促进大脑的发育，合理的饮食可以给大脑发育提供营养。

（4）丰富环境刺激，增加亲子互动的时间，比如亲子交流、唱歌、讲故事、游戏等。

（5）创造社交互动的机会，多与孩子进行互动交流，为孩子创造与同龄人玩耍的机会，帮助建立社交技能。

（6）增加户外活动以及运动量，早期户外环境中有丰富多元的感觉刺激，适量增加运动，促进儿童身体姿势的成熟。

（7）融入适量的感觉统合训练。

二十七、3 岁前如何预防多动和注意力不集中？

【预防多动以及注意力不集中，在 3 岁前是非常黄金的时间，这个时间大脑神经元连接的速度非常快，大脑的发育取决于神经元的连接，大脑发育得越好，高级功能越完善，注意力等高级功能发育也会越完善。】

因此家长一定要做到如下几点方法：

（1）提供和谐的家庭环境。保持家庭氛围的和谐稳定，减少孩子面临的压力和冲突，有助于儿童情绪的稳定和注意力的培养。

（2）增加户外活动时间，增加感觉刺激输入，通过丰富的感官体验，为大脑的发育提供营养，进而促进大脑的发育，提升大脑高级功能的发展，包括注意力。

（3）限制电子产品的使用时间，长期观看电子产品可能导致感觉刺激不足或者感觉刺激单一，出现感觉寻求的情况；同时，电视画面的快速转换和五颜六色的内容，容易使儿童产生注意力不集中的现象。长时间处于这种状态下，儿童的大脑会逐渐适应这种高强度的感觉刺激，造成在日常生活中难以保持持久的专注力。这对于儿童的学习、阅读和思考等能力都将产生不利影响。

（4）合理地饮食，减少糖分、人工色素、添加剂的摄入，增加脂肪酸、蛋白质及维生素的摄入，有助于大脑的健康发展。

（5）融入适量的感觉统合训练，触觉、前庭、本体等感觉系统的强化训练，可以提升儿童抗干扰能力、自我控制能力，进而提升注意力。

二十八、做好如下训练，让儿童轻松走进幼儿园

【感觉统合能力的发展，可以促进儿童与环境的互动，提升适应能力，还能提升对环境中信息的处理能力，同时感统能力的提升能够加强对自身身体的了解，进而提升自控能力与胆量自信心，让儿童在独自面对幼儿园的社交、注意力、情绪控制方面得到加强，进而能够更快融入幼儿园的环境。】

（1）增加触觉类相关训练。孩子情绪状态受触觉系统的影响，由于触觉系统主要是对外界感觉信息进行辨识，如果触觉系统发展不足，就有可能造成对外界感知与辨识障碍，进而导致行为不适切，就会造成情绪障碍。同时，触觉系统还可以促进交感神经与副交感神经之间的平衡，情绪就能够相对比较稳定，因此，触觉类的训练需要适量地融入。

（2）前庭系统的训练。前庭系统对输入的信息加以过滤筛选，把重要的信息传递给大脑，把一些无用的、干扰的信息过滤掉，大脑就可以专心做某一件事。另外，网状结构影响着觉醒度，保证大脑处于清醒的工作状态，当我们进行摇摆、旋转、

悬荡、加速度等活动时，前庭系统必须立刻起到调节作用，这样才会保证大脑保持正常生理机能，保持清醒状态。如果前庭失调，儿童会出现容易分心、小动作比较多、精神涣散等表现。

（3）本体系统的训练。通过基础运动能力以及肌肉控制运作的相关训练，提升大脑对身体的掌控，建立起身体地图以及身体形象的认知，大脑就能够控制自己的身体，进而能够在早期的幼儿园活动中建立起胆量自信心，与同龄玩伴的互动性也能得到提升。

做好以上 3 种训练，助力儿童轻松进入幼儿园。

第三章　感觉统合的概念和解析

【我们都知道，感觉统合是大脑接收外界信息，并进行加工处理，最终输出与环境匹配的适切性行为的过程。因此，感统能力对人的生活质量以及日常功能有深远的影响，如情绪调节能力、认知能力、社交互动能力以及学习能力的影响等。因此，了解什么是感统、八大感觉系统、感统失调的原因以及感统失调的误区是至关重要的帮助。】

一、什么是感觉统合？

【感觉统合这个词，相信很多家长第一次听的时候都会很懵，其实感觉统合存在于我们生活中的点点滴滴，例如：你最初在学习骑自行车时，刚学的时候会摔倒，慢慢调整自己的姿势，控制好平衡，视觉观察好远处的路况，慢慢就会越骑越稳，越骑越好，这整个学习骑车的过程就是“感觉统合”的过程。】

在这个过程中，视觉在侦测远端路况、前庭觉在感知身体的重心变化、本体觉中手部小肌肉群在做好抓握，双下肢在发力蹬车，躯干部位肌肉群也在维持身体姿势，把控躯体稳定，这些信息在脑干处进行汇聚，进行初步的加工，随后信息继续上传到大脑皮质层高级处理中枢，对所有感受信息进行精准地判断和处理，进而对身体下达指令，调整自己身体向左倾斜或向右倾斜，双脚还需不需要继续用力蹬车等，使躯体保持更加平稳的状态，学会骑车。

总的来说，感觉统合就是指人体通过各种感觉（视觉、听觉、嗅觉、味觉、触觉、前庭觉、本体觉、内脏觉）获得感觉信息，将这些信息传送脑干部位进行初级的加工处理、抑制、促进、组织和统合，然后再把这些信息传送至大脑皮质层高阶功能区形成知觉进行解释，最后输出与环境相匹配的适切性的行为动作。

也就是我们在生活中把看到的画面、听到的声音、肢体的碰触、闻到的气味、品尝的味道等多种感官信息传入大脑，大脑对接收到的信息进行比较、分析、抑制、加工、统合，最后形成指令来指挥身体。

二、了解感觉统合的8大感觉

感觉统合中存在8大感觉系统：第一个是触觉，皮肤组织下的触觉感受器，分布于全身，感受外界的冷、热、湿、痛、压力、振动以及舒适度；第二个是本体觉，是人体的肌肉、肌腱、关节等运动器官在不同状态下产生的感觉，在肌肉收缩或拉伸时，关节弯曲或伸直时，能感受到身体的位置和状况，以便更好地运用自己的身体；第三个是前庭觉，它的感受器在内耳部位，能感知头部的空间方位，比如你坐电梯时，视觉看不到电梯的升降，但能感知到电梯是向上或向下的，这就是前庭感受器的作用；第四个是视觉，看外界的画面；第五个是听觉，感知声音的；第六个是嗅觉，闻气味的；第七个是味觉，在口腔内感知食物味道的；第八个是内脏觉，告诉我们身体内部的信息，饿了、渴了、想上厕所等。所以综合来说感觉统合包含8大感觉系统：触觉、前庭觉、本体觉、视觉、听觉、嗅觉、味觉、内脏觉。

三、感觉统合发生的过程

感觉统合是一个感觉处理加工的过程，在这个过程中总的可以分为以下6步：

第一步感觉接收。人类每天都在接收各种感觉输入，看到的，听到的，闻到的，品尝到的，触摸到的等，这些信息会以电流的方式输入大脑。

第二步信息注册。感觉信息进入大脑要先进行信息注册，通俗点说就是大脑对基本信息要先进行登记注册，大脑才能知道是什么样的信息输入。

第三步感觉调节。大脑中枢神经对注册后的信息进行过滤、调整，过滤多余的感觉刺激，使大脑关注重要的感觉刺激。

第四步解释加工。大脑对进入的信息，进行对比、记忆、分析、统合、解释并描述它的属性，将所有进入大脑的感觉信息赋予意义，也是感觉变成知觉的过程。

第五步动作组织。大脑下达指令，指挥身体做动作，这一步就是为最后的执行动作做准备工作。

第六步动作执行。大脑指挥身体做出有目的、有计划的行为反应，做出的行为反应就是感觉统合的最后一步，同时最后一步也直观反映出儿童各项能力水平，他的大运动、精细动作、社交行为、认知学习、语言等各项能力等，所有外在行为表现都是大脑内在功能的显化，大脑功能越强的儿童，外在行为反应也会更机智灵敏和准确。

四、家长必须知道感觉统合的6个知识点

【感觉统合是指大脑对感官接收的信息进行组织、

解释、整合、加工，并将其转化为适应性反应的一个过程。家长掌握感觉统合的相关必备知识，对儿童发展的影响至关重要，因此以下关于感觉统合的知识点，家长们务必要知道。】

（1）感觉统合是儿童能力发展的基础。感觉统合能力影响到儿童的情绪控制能力、注意力、社会交往、学习认知以及生活技巧的掌握，如果感觉统合能力发展不足，就可能造成儿童情绪控制不佳、注意力不集中，甚至入学困难的问题。

（2）感觉统合失调，大脑无法有效处理接收到的感觉信息，导致难以适应环境的变化，儿童在行为表现上可能会出现异常，各种高阶功能如语言、社交、注意力等能力就有可能出现滞后的状况。家长一听到自己的孩子感统失调，就吓得不行，到处求医问药，家庭陷入苦闷状态，父母开始紧张焦虑，其实这种状况可以通过感统训练得以改善。因此，针对感统失调，家长要用平和的心态去面对。

（3）感觉类型，主要分为 8 大感觉系统，包括视觉、听觉、触觉、前庭觉、本体觉、嗅觉、味觉、内脏觉，每种感官都有其特定的功能和作用。

（4）感觉统合评估，如果怀疑儿童有感觉统合方面的问题，及早识别并寻求专业评估和干预至关重要。早期干预能够更有效地帮助儿童克服障碍，提升生活质量。

（5）感觉统合训练，主要是提供丰富多元的感官刺激，强化各感觉系统的运用，促进儿童感觉统合能力的发展，使大脑更有效地处理信息。例如荡秋千、爬行、跳跃、触觉刺激等都能提供有效的感官刺激。

（6）家庭感统训练，家长可以通过家庭感统训练来促进儿童的感觉统合发展，家长应学习并掌握相应的系统训练方法，例如使用感统玩具在家开展感统游戏，亲子互动进而促进儿童感觉统合能力的发展。

五、儿童必须进行感统训练吗?

【并不是所有儿童都必须要进行感觉统合的训练，由于感觉统合能力是人类一切能力发展的根本，对于存在感觉统合障碍的儿童就必须要进行感统训练，因为它可以帮助儿童改善一些能力不足的问题，而对于正常水平的儿童，感觉统合训练可以促使儿童能力发展更好，让他更优秀。】

感觉统合训练对儿童能力发展有以下几方面的好处：

（1）提高专注力、持续力、心理抗压能力。

（2）提高自控能力和组织能力。

（3）培养学习兴趣、提高思维能力、概括能力。

（4）提高自信心和自我价值感。

（5）提高合作与竞争能力、人际关系能力等。

（6）锻炼身体体质，提高身体免疫力。

（7）锻炼孩子独立能力及自我能力的提升。

（8）为后期顺利参加其他兴趣班做好前期准备。

所有感觉统合的训练对儿童各项能力的发展起到积极的促进作用，对于正常水平的儿童要不要进行练习，更多还是取决于家长的认知程度，而对于感觉统合存在障碍的儿童，他们在认知、语言、学习、社交方面都会面临一些困难，所以是必须要进行训练和干预的。

六、感统训练提升儿童的7大能力

【感觉统合训练对儿童的全面发展具有重要作用，它通过促进大脑有效地处理和整合来自各种感官的信息，而儿童各项能力的展现正好需要大脑有处理外界信息的强大能力，因此，感觉统合训练可以帮助提升儿童7大能力即认知、注意力、语言、胆量自信心、情绪控制力、学习能力、问题解决的能力。】

（1）提升认知能力的发展。感觉统合训练有助于神经系统功能的发展，增强大脑处理信息的能力，进而提升认知学习的效率。

（2）提升注意力的发展。感觉统合训练提升大脑对身体的控制能力，让儿童的身体控制能力更好，姿势控制与维持能力更好，进而减少爱动的行为、过分冲动的行为，因此注意力会更好。

（3）提升语言能力的发展。感统能力是语言发展的基础，语言想要发展得好，视觉、听觉的功能必须正常，因为视听感官的输入是语言产生的原材料，有助于语言理解力及语言运用能力的提升。

（4）胆量自信心的提升。感统能力发展得越好，大脑对身体的掌控能力越强，身体的平衡、协调及灵活性越好，早期儿童会依赖于身体的运用能力与他人进行对比，进而获得胆量自信心，也就是感统能力有助于儿童胆量自信心的建立。

（5）有助于情绪状态稳定。感觉统合能力越强的儿童，适应以及调节能力就越好，进而状态的稳定性也越好。

（6）提升学习能力。因为感觉信息的处理是学习的基础，感觉统合越强，信息处理能力、记忆能力就会越强。

（7）提升解决问题的能力。儿童可以在大量的感统活动中获得解决问题的经验，并应用于社会活动中。

七、为什么说感统训练的核心是脑干功能区？

感觉统合是指人体通过各种感觉（视觉、听觉、嗅觉、味觉、触觉、前庭觉、本体觉）获得感觉信息，并把这些信息传送至脑干部位进行加工处理、精进、抑制或者统合，然后再把这些信息传送至大脑皮质层高级功能区形成知觉进行解释，并输出动作与行为，并且与环境产生互动，使得行为和环境匹配成为一个有机的整体。换句话说就是各种感觉信息要先经过低级中枢——脑干区域的初步处理后，再传递给大脑高级中枢，如果把大脑比做是老板，那脑干部位低级中枢就是老板的秘书，公司的很多事情需要秘书先进行梳理，把需要老板处理的事情筛选出来，这样老板就不会太忙。也就是各种进入大脑的信息，脑干初步处理，不至于使大脑太过忙碌，大脑的效率才会更高。因此，感觉统合训练的核心在于低级中枢，也就是脑干区域，提升脑干的功能，就可以解放大脑，让大脑的精力更加充沛，这样大脑的高级功能如语言、学习、认知、注意力的能力才会越来越强。

八、感统能力的提升有助于大脑高级功能的发育

所有的信息输入最终都要传入中枢神经系统，感觉统合的核心也在于中枢神经系统对感觉的处理，所以感觉统合能力与儿童早期大脑的发育有关，0～3 岁是大脑发育的关键时期！婴儿的大脑发育在这个时段是神经元连接的黄金期，可塑性较强。这时适当的、多元的、丰富的环境刺激可以充分激活神经细胞，

促进大脑结构和功能的发育，建立功能强大和高度复杂的脑网络，而且这个时期脑重量增长也是最快的，是大脑发育的关键期。

有的人聪明，有的人不聪明，从科学的角度来看，是因为人体大脑神经元的激活程度不同。人的高级功能发育得如何，其本质上看的是神经元的连接，神经元连接越丰富，神经网络以及神经通路会更加丰富。感觉刺激可以促进神经元的连接，感觉统合训练就是提供给大脑大量的感觉刺激，并促进神经元的连接，因此，感统训练有助于大脑高级功能的发育。

九、家长必须知道：大脑的三位一体

大脑的三位一体换句话说就是大脑的三级控制，人脑结构分为 3 个基本部分，分别代表了人类漫长进化历史中的 3 个重要阶段。

第一个阶段是本能脑阶段，也就是原始脑，它是最古老的脑结构部分，负责基本的生命维持功能，如呼吸、心跳、体温调节以及本能行为如逃避危险和攻击，目的就是能够应对环境的变化并快速做出本能的反应，这个脑没有情感、没有理智，活在这个脑的典型表现是没有喜怒哀乐、见人就打、只对吃感兴趣。

第二个阶段是情绪脑阶段，主要是边缘系统，包括海马体、杏仁核以及下丘脑，主要负责情绪、记忆、社会行为、逃避、压力反应。活在这个阶段的人类就会有四个主要情绪，第一个是恐惧，目的是让我们远离危险，就不会在大马路上横冲直撞，从而保证安全；第二个是兴奋，当我们保持兴奋的时候，我们的精力才会充沛，进而才能专注；第三个是愉悦，当我们心情愉悦的时候，能够与他人保持亲密的关系，适合于社会交往活动；第四个是伤心，伤心的目的是引发同情与关注。如果一个儿童基本的4大情绪都没有，那就会呈现“四大皆空、无欲无求的状态，这种情况就要引起家长的注意了。”

第三个阶段是理智脑，随着大脑逐步地发展，前额叶不断成熟，我们就有了理智，各种高级功能就会不断发展，如语言、认识、学习、社交等能力会越来越好。

理智脑与本能脑、情绪脑的关系可以用老板与员工的关系来比较，比如老板想管理员工，员工想调皮不想被管理等情形。公司要想发展得好，一定要处理好老板与员工的关系，要做到融会贯通、合为一体，沟通得越好公司发展就越好。因此，理智脑、本能脑和情绪脑三者之间的关系平衡得越好。本能脑和理智脑之间，理智脑要强大到能控制本能脑，如果控制不住，我们的理智脑就会随着本能脑去发育了，造成动作不被大脑意识控制，人类控制不了自己的肢体，外在表现就是疯狂乱动、无法无天，还会影响到情绪的稳定及社会交往能力。

十、感觉统合失调的8大原因

艾尔斯博士列举出的感统失调的8大原因：

（1）胎位不正所产生的固有平衡失调。

（2）活动空间不足、爬行不足所产生的前庭平衡失调。

（3）早产或剖腹产，造成触觉学习不足。

（4）祖父母要求太多或放纵，过早进行认知学习。

（5）洁癖症母亲或保姆造成幼儿触觉刺激缺乏及活动不足。

（6）保护过度或娇纵溺爱，造成身体操作能力的欠缺。

（7）过早用学步车，造成前庭平衡及头部支撑力不足，致使前庭平衡觉失调。

（8）家庭环境的不良影响会造成幼儿自信不足和不良习惯的定型化。

儿童从环境中得到的身体感觉刺激不足会影响其脑功能的发展，家庭错误的带养方式又会加深这些困难。等儿童长大后家长才发现一个个看似简单的动作，可就是在需要运用身体的时候却做不出来！那么，当家长发现儿童感统失调的时候又该怎么办呢？

我们给出两个建议：

（1）父母改变自己的固有观念，采用正确的教养方式。

（2）积极运用感统训练给儿童提供正面的感统刺激，促进他们感觉统合能力的提升。

十一、剖腹产与儿童感统失调是否有关系?

并不是说剖腹产的儿童就一定会“感统失调”，只是与自然分娩的儿童相比，其出现“感统失调”的概率要高出许多。因为剖腹产不像自然顺产，如果一个儿童是经过阴道正常分娩，那么在限定时间内，他必须主动通过狭窄而屈曲的产道。他的头部、肌肤、胸腹、关节等全身各个部位，都将受到宫缩有节奏的、逐渐加强的挤压刺激和产道适度的物理张力刺激。而这些刺激信息又会通过他外周的感觉神经传入中枢神经系统，经过大脑对这些信息进行分析、加工、整合后发出指令，他的整个身体才会形成一个“圆柱体”，然后以最佳的姿势、最小的径线、最小的阻力适应产道各个方面的不同形态，顺应产轴曲线而下，最终娩出。换言之，在顺产过程中，儿童将接受到人类最早的，也是最重要的，最强有力的，大约两个小时的触觉、前庭觉和本体觉等多个感觉系统的体验和学习过程。特别是头部受到的挤压，激活了他大脑的神经细胞，是他第一次主动参与的“感觉统合”训练!

以下是剖腹产儿童最易出现的10大感统失调问题:

（1）儿童在七八个月时爬行吃力，甚至不会爬行。

（2）儿童1岁多不会好好“走”，起步二挡。

（3）爱动，爱做小动作，坐不住。

（4）黏人、爱哭、胆小、怕生、“在家如老虎，出门如老鼠”。

（5）不说话，不表达，没有语言概念。

（6）容易生病，如上呼吸道感染，积食等，三四岁后还容易尿床、盗汗。

（7）走路不平稳，如醉酒状，小腿上经常伤痕累累。

（8）动作不协调，笨手笨脚。

（9）很聪明，但是注意力不集中，做事容易虎头蛇尾。

（10）脾气暴躁，情绪不易控制，容易大喜大悲。

剖腹产的孩子已经缺失了第一次感觉统合训练的机会，家长必须格外注意对他的刺激弥补。只有你在孩子 6 岁之前给予充足的食物营养，丰富的爱与尊重以及大量的、有针对性的感觉刺激，才能帮助孩子的感统能力更好地发展，让他们的未来多增加一份成功的可能！

十二、爬行不足与儿童感统失调的关系

正所谓“三翻五坐七八爬”，所以只要没有脑部受伤或其他病变的情况下，七八个月大的儿童都会顺利进入“爬行敏感期”。可是，有不少喜欢炫耀或者拔苗助长的家长，在儿童刚开始学习爬行不久，就会让儿童提早学走路；还有些家长，因为有洁癖或者怕脏，不让儿童在地上爬；还有另外一些家长，

因为太忙或者为了省事，大部分时间都把儿童放在学步车上，这就在无形中剥夺了儿童学习爬行的机会，或者有些祖父母带儿童，总是把儿童抱在怀里，同样大大减少了儿童学习爬行的机会。然而，大量调查研究表明，儿童爬行不足，出现感统失调的概率也会大大增加。很多儿童上学后，会出现脾气暴躁，好动不安，以及眼神飘忽不定等多种问题，其实都和他们小时候爬行不足有很大关系。那么，为什么爬行不足的儿童会更容易感统失调？爬行到底是如何影响儿童的感统能力发展的呢？下面我们就来重点了解与儿童爬行有关的问题。

爬行是各种感觉器官、躯体运动器官（比如皮肤、四肢、腰、胸、腹、颈、头）之间同时或者相继协调配合的整体性、综合性活动，尤其在爬行过程中，儿童会获得非常强烈的双侧肢体刺激，而这些刺激可以促进他们大脑皮层中心沟的形成和大脑双侧功能区的分化，然后他们大脑各部位功能区才能专职化，他们的身体才能获得大脑更明确的指令，身体传达给大脑的信息也才能更正确更有效地获得解读。所以说，爬行是非常复杂的感觉统合学习过程，更是儿童在早期非常重要的高级“智力”活动，对他们日后的认知、语言等的发展意义非凡。

十三、家庭环境对儿童感统失调的影响

0～12 岁是儿童感统能力发展的关键期，而家庭又是儿童

早期成长的主要场所，所以，家庭环境直接影响着儿童感觉统合发展的状态。

（1）独生子女家庭越来越多，家庭成员减少，兄弟姐妹之间嬉戏打闹、身体接触的机会越来越少，造成儿童感觉学习的机会减少。

（2）家长过分讲究卫生导致儿童感觉学习受限。一些有洁癖的家长，对卫生的讲究更为苛刻，不仅把家里收拾得一尘不染，对儿童的要求也是非常严格，吃饭不能撒桌上，更不能用手抓饭吃，不许坐在地板上，不许……各种各样的限制，导致儿童的感觉学习也大大受限，感觉刺激就会不足，就有可能造成儿童感觉统合失调。

（3）家长过分溺爱，过度包办，导致孩子感觉学习匮乏。尤其一些老人，因为隔代亲的缘故，对孩子过分溺爱，过度包办，孩子要吃，就把香喷喷热腾腾的食物直接喂到孩子嘴里；孩子要穿衣服，就把孩子喜欢的衣服、裤子、袜子、鞋子拿来一一为其穿上；孩子要看动画片，立马打开电视让孩子想看多久就看多久；孩子想要玩玩具，立马捧来一大堆玩具供孩子挑选……结果，孩子日渐养成了衣来伸手饭来张口的小王子和小公主，或者从感觉统合的层面来讲就变成了以自我为中心，不爱思考，不会动手，行为迟缓笨拙的感统失调儿童！

（4）家庭关系不和睦，影响孩子身心健康发展。家庭成员关系不和睦，比如夫妻不和，婆媳有矛盾等，常常会导致家庭气氛过分紧张，给孩子的身心带来无形的压力。尤其有些家长毫不避讳地当着孩子的面相互谩骂争吵，甚至把孩子当成出气筒，对孩子进行辱骂和殴打等，这将对孩子的身心造成巨大的伤害，在孩子的心里留下不可磨灭的阴影。

总而言之，家庭是孩子早期教育的主战场，家长是孩子的首席教育官，倘若家长不能为孩子创造和谐良好的家庭成长环境，就很容易导致孩子出现感统失调以及其他各种各样的身心发展障碍。所以，为了孩子，请身为家长的你，一定要多学习、多成长，做智慧父母，科学育儿，帮助孩子健康、快乐、阳光、自信地成长！

十四、为什么感统失调的儿童越来越多？

为什么近年来儿童感统失调的比例越来越多？越来越多的家长也开始慢慢关注到这一问题，究其原因有以下几方面因素：

（1）儿童外出活动范围受限，活动内容单一，造成感觉刺激单一，而感觉又是大脑生长发育的营养，没有感觉刺激就没有神经元的连接，没有刺激大脑功能就不能被激活，没有刺激大脑功能就不足，儿童外在表现就会存在异常。

（2）受时代变化的影响，时代发展越快，同等扑面而来的各种电子产品也不计其数，父母不限制或缺乏陪伴，那么大多数孩子都会选择待在家中大量地观看电子产品，尤其是婴幼儿阶段就开始不活动、不运动，整天都是窝在家里，触觉辨识没有精进。前庭在静态活动中得不到激活，本体肌肉力量不运动就得不到锻炼，经常看电子产品缺乏语言运用和沟通的机会，大脑发展原则就是用进废退，大脑长久不思考、不运用，各方面功能自然就会退化。

（3）和当下社会一些医疗单位对感觉统合相关障碍的认知有关，有更多的医疗单位开始关注感统统合障碍这方面问题，相关的筛查和检测技术也相继出现，所以就会发现这方面问题，因此通过统计就会发现现在比例比以往更高了。

十五、感统失调儿童易遇到的8大障碍

如果儿童存在感觉统合的障碍，那么儿童的这8大能力可能就会受到影响：

（1）造成注意力不集中。注意力除受到孩子睡眠、身体状况如生病不舒服等外在因素的影响外，还和触觉反应程度和前庭抑制能力有关，触觉过度敏感会造成儿童过于分心，前庭抑制不足的儿童，对进入大脑的信息没有进行很好的过滤和筛选（有用的进入，无用的不能进入），会造成大脑脑压过高，脑神经抑制困难，外在表现就会造成儿童小动作多，注意力不集中。

（2）造成语言发育迟缓。语言是一个庞大的系统，需多个系统协调运作才能更好地发展，如听觉、视觉、语言运用机会、

词汇储备、唇，舌，下颌构音机制运用，还有就是儿童的感觉统合能力，前庭不足影响儿童对语言信息的过滤、传递和理解，触觉不足不利于儿童口部功能的感知发展，口部功能肌力不足不利于儿童构音机制的协同运动，这些都会影响儿童语言的发展和运用。

（3）影响儿童的情绪控制。家人过分溺爱或家长对孩子要求过于严格，父母本身就是暴脾气等这些因素都会影响儿童情绪控制的发展。从生命形成之初，触觉和神经系统就是一体的，触觉的敏锐度会直接影响大脑对外界环境的辨识度，影响身体的灵活性和情绪的好坏。

（4）影响孩子的胆量。爱哭、胆小、怕生和三大系统都有关，触觉系统不足，孩子先进触觉辨识能力的发展就不足，防御性较强，难以接受新的人和事物，容易畏惧退缩、前庭系统不足，前庭反应较大的孩子，对灵活性和速度有要求的活动会产生强烈的抗拒，活动受限；本体系统不足，孩子自信心的发展就会受限，本体是自信心的根，孩子只有身体协调、动作灵活才有能力有自信参加各种活动。

（5）身体协调性差。孩子缺乏经验和长时间的肌肉关节运动，导致躯干动作发展缓慢，肌张力不足；感觉统合失调，各大系统反应迟钝，各个神经系统之间协调不良，身体协调性就会欠佳。

（6）学习困难。感觉统合不足，会使脑功能反应不全，在知识学习过程中出现困难和障碍。

（7）人际交往困难。触觉功能不足，会影响孩子的情绪。情绪暴躁或人情冷漠会导致孩子社交、语言发展出现障碍，孩子将会面临社交方面的困难，因为语言是孩子社交的首要工具；本体觉发展不足，身体协调性发展受限，本体是自信心的根，孩子只有经过大量的后天锻炼，身体协调性和灵活性足够好，才能在小朋友之间无障碍地玩。

（8）会造成儿童发育运用障碍。粗大运动和精细动作发展不足以及本体感发展不足，不仅使孩子动作计划面临困难，而且在生活独立性方面也会遇到困难。

十六、3个例子说明什么是感觉统合失调

【感统失调的儿童不仅会出现语言障碍、运动滞后、认知理解差、学习能力不足等情况，还可能会面临各种各样的障碍，这就需要我们深度了解感觉统合、了解孩子，才能去解决他们的问题。】

关于感觉统合失调，有3个非常形象的例子：

（1）长不大的小孩。一个8岁的儿童，他看上去可能拥有一个与同龄人一样的身材，但他的心智模式却像是一个5岁的儿童。这样的孩子，就像是一个穿着不合身衣服的儿童，外表

看似成熟，但心智发育却没有跟上。他们的身体发育可能已经达到了某个年龄的标准，但他们的心智、能力发育却十分滞后，我们往往只看到了他们的外表，却忽略了他们真正的需求和能力。

（2）暂停的时光机器。可以把儿童的大脑比作是一台时光机器，对于感统失调的孩子来说，他们的时光机器似乎被按下了暂停键，正常的孩子可以随着时间的推移自然而然地掌握各种技能，但他们不是，他们在很多方面都无法跟上同龄人的步伐。

（3）有缺角的 A4 纸。感统失调的孩子，可能有语言、有认知、有理解，但是他们在面对需要深层次思考的问题时，总是那么力不从心，做得不那么完美，就好比一页有缺角的 A4 纸一样。

感统失调的儿童是可以进行训练调整的，大脑的发育有关键期，在 3 岁前大脑发育速度非常快，基本上可以完成 90% 的发育，3 ~6 岁期间，大脑的结构基本发育完成，因此针对感统失调的儿童，越早进行干预，效果越好。

十七、感统失调对儿童学习的影响

【感统失调对儿童学习能力有极大的影响，主要是大脑无法高效的加工、处理来自身体内外的各种感觉信息，包括视觉、听觉、前庭觉、触觉、本体觉等，这会造成儿童在学习认知、日常行为以及日常学习过程中出现一系列的障碍，进而造成儿童学不会、不想学、学了就忘等问题。】

首先是前庭系统失调对学习的影响，前庭主要负责身体的平衡与对外部空间的解读，如果儿童前庭失调，就有可能造成好动不安、坐不住、小动作比较多、做事急躁的情况，这些行为会造成注意力差、容易分心，影响学习效率。除此之外，前庭失调的儿童空间感比较差，很难分辨自己与空间的位置，进而导致空间感差、抽象的逻辑思维差、左右分不清，分辨能力差，这些都会影响学习能力，特别是学龄期的儿童在数学与地理对空间感要求高的学科上表现得尤为突出。

其次是本体失调的儿童对自己身体各个部分的协调性认知不足，在动作上表现比较差，行动迟缓、拖拉磨蹭、笨手笨脚、容易摔倒、反应比较慢，进而直接影响学习的效率。

再次是视听感觉失调，视觉失调的儿童阅读跳行漏字、错行漏字、抄错题、阅读速度慢、写反字；听觉失调的儿童听觉的理解能力滞后、听觉区辨能力差、听觉记忆能力不足，出现注意力不集中，记忆力能力不足等情况，这些都会影响儿童的学习能力。

一旦发现儿童感觉统合失调，就要及时进行有效的干预，尽早让儿童远离感觉统合失调的危害。

十八、感统失调的儿童为什么要重点进行近端感觉系统的训练？

【感觉统合主要是指把各种感觉器官传递过来的感觉信息进行加工、处理、整合，并做相应回馈的过程，从而使每个人的活动能够与环境产生适切性的互动。近端感觉系统主要包括触觉、前庭觉、本体觉，这些感觉系统对于儿童身体协调性、空间感、情绪控制、逻辑思维、语言表达、认知学习等方面有至关重要的作用。】

1. 触觉系统

触觉是人类发展最早的感觉系统，也是儿童探索世界最重要的媒介，通过触觉系统，儿童可以感知物体的材质、属性、大小、温度、湿度等信息并进行解析，进而形成自己对外界的认知。丰富多元的刺激有助于促进儿童神经系统的发展，同时，通过触觉系统训练，可以提高儿童的注意力、记忆力以及情绪控制能力。

2. 前庭系统

前庭系统主要负责身体的平衡和空间感，对于儿童的身体协调性、运动能力以及空间认知能力产生重要作用，通过前庭系统训练，如角度变化、线性刺激运动，可以刺激儿童前庭系统的发育，并促进前庭功能的发展，从而帮助儿童提升注意力、视听知觉转换能力、逻辑思维能力。

3. 本体系统

本体感是指自身身体各个部位的感觉，通过本体系统可以了解自己身体的位置、姿势及运动状态，进而才能够做到精准控制运用自己的身体，从而提升掌握运动的能力、身体协调能力以及自我的控制能力。这些能力主要会影响胆量、自信心的建立，在此基础上发展解决问题的能力、抗挫抗压能力、自我保护的能力等。

通过近端感觉系统的训练，可以促进身体的协调、空间感、情绪调控、逻辑思维、社交、胆量等多种高阶功能的发展，因此，感统训练要多进行近端感觉系统的训练。

十九、儿童出现感统失调，必须要干预吗？

是不是所有存在感觉统合障碍的孩子都必须对其进行干预？答案并不是！要看当下孩子存在感觉统合失调的情况有没有对他的生活、学习、社交造成影响，如果已经造成明显的影响就需要进行科学的干预，举个例子：我们成人在很多方面也会存在感觉统合失调的表现，比如在工作学习中，有的人专注力特别的好，有的人会存在专注力不集中的表现，为了调动自己大脑的警醒度，提高自己的状态，他可能会去走动、吃薄荷糖、掐自己甚至有的人还会不停地动，或调整姿势或站在窗口旁吹风，通过走动带来本体觉的刺激、掐自己或吹风带来触觉方面的刺激、吃薄荷糖带来味觉方面的刺激等方式寻求给大脑输入感觉营养。出现这种感觉统合失调的行为表现并不是他们就必须需要去进行干预，如果没有影响到他的生活，他的社交，那就不需要进行干预，每个人对当下环境所带来的感觉调节方式是不同的，只要没有对自己产生不利影响那就不需要干预。但是家长要防患于未然，对于正在发展中的孩子，如果发现他们出现了一些失调的行为表现，为防止这种情况以后会影响到儿童能力的发展，可以及时找专业的老师去做沟通，了解可能对儿童感觉统合能力发展的不利因素，如活动环境、带养方式等并及时做出调整。

二十、感统失调儿童能否在干预后回归正常？

感统失调的儿童能否在干预后回归正常，目前还没有科研人员长久跟踪做过这方面的调查，但是在我们 16 年线上和线下共计 13 万名儿童的教学中总结得到，感统失调儿童能力的发展是螺旋式向上发展的。可以想象到正常孩子能力的发展是曲线式向上发展，而存在感觉统合障碍的孩子在干预过程中，他们能力的发展是螺旋式上升的，也就是即便存在感觉统合障碍但是经过干预，坚持去做训练，他们的能力也会向上提升并与普通孩子发展程度慢慢靠近，缩小他们之间的差距。如果孩子存在自闭症或多动症，那么干预的强度、难度和时间就会多一些，但是只要坚持，科学地去做干预训练，孩子的能力都会慢慢向正常孩子的发展曲线靠近，同时在给孩子做干预中，家长也要改变不利于儿童生长发育错误的带养方式，如长久看电子产品、缺乏亲子沟通和互动、户外活动量太少等，做好家园配合才能更快的帮助孩子进步。

二十一、提高感统能力，为什么学习能力也能得到提升？

感觉统合能力发展不足，孩子的学习能力也会受到影响，因为感统是人类一切学习能力的基础，家长关注到孩子的学习能力也就是我们所说的学业表现，如书写、阅读、计算、逻辑思维、理解等。这些能力的发展都会受到感觉统合能力发展的影响，如阅读需要用到我们的视觉，视觉的追踪和跳视让我们更好地进行眼球运动，一行一行地去进行阅读，这和我们的视觉和前庭都是有关的。前庭系统调节着眼球的运动，同时视觉不稳定、视觉运用不足也会影响孩子对认知方面的记忆，如文字方面、数字符号、空间变换等，如果视觉记忆出现问题会造成儿童对一些事物属性概念上的混乱，也不利于儿童思维方面的发展，就像数学符号中的大于号、小于号，如果视觉记忆混乱，那么孩子对比大小就会出现错误。再比如说书写，书写的前提是要先保持良好的坐姿，而姿势的控制依赖于颈、肩、腰、胯部核心肌肉群力量的发展，同时和前庭系统也有关联，前庭系统募集肌肉调整着我们的姿势。其次书写需要手部精细动作发展良好，能更好地控笔，如果坐姿不良，手部精细动作运用不足，那么儿童在书写上就会吃力或写不好字，长久下去也会影响到儿童书写的效率，所有这些感觉统合的发展都会影响儿童在学校中的基础能力的发展，进而也会影响到儿童接下来在学习中面临的更高阶的思维发展。所以做好儿童基础的感觉统合能力培养，学习能力自然也会有所提升。

第四章　感觉统合——触觉系统

【触觉系统对于儿童的整体发展至关重要，它不仅影响情感和社会技能，还与认知、语言和运动技能的发展密切相关。通过提供适当的触觉体验和支持，可以帮助儿童建立起感觉统合能力，支撑大脑高级功能的发育，因此作为家长要了解什么是触觉系统、触觉系统失调的表现、触觉系统的训练，助力儿童健康快乐成长。】

一、为什么触觉是一切感觉发展的基础？

触觉是分布于全身最广的一个系统，也是最早成熟的系统，在胚胎阶段就开始发展，人类在胚胎时期一共有 3 层，最里面一层叫做内胚层，将来会发展为各种器官；中间一层叫做中胚层，将来会发展为骨骼，肌肉，消化系统和呼吸器官等；最外面一层叫做外胚层，将来会发展为皮肤和神经系统。这也就意味着人类的触觉系统和神经系统是一体的，所以给触觉系统提供感觉刺激就是给神经系统提供感觉营养，神经系统营养充足就会使中枢神经系统保持稳定，中枢神经系统稳定才会更有利于接收和处理其他感受器带来的感觉刺激。并且触觉感受器接收到的刺激会传入大脑，所产生的一部分信息传到大脑皮质，具有促进大脑皮质发育的作用。

由于触觉系统与神经系统的关系十分密切，它也是一个神经传导通路，触觉神经传导通路出现障碍就会影响其他感觉系统的运作。我把大脑比作一座城市，触觉外的其他感觉系统比作城市的公园、商场、学校、医院、酒店等，触觉系统就好比城市的道路，如果触觉系统发育不足，就类似城市的道路不通畅，经常拥堵，那么公园、商场、学校、医院、酒店就不能正常运转，也就是触觉系统不足会影响其他感觉系统的发展，触觉是一切感觉发展的基础。

二、触觉感受器的介绍

触觉感受器和本体感受器都被称为机械性感受器，这就意味着如果这些感受器需要被激活的话，它自身就必须受到机械变形，这一点很重要。它们不同于前庭感受器、视觉感受器或听觉感受器等。这也就意味着每一个感觉系统激活方式都不一样，感统训练的针对性也就来于此。虽然各个感觉系统激活方式不一样，但是它们彼此间却紧密联系在一起。触觉感受器要获得的是触觉的感知、深压觉的感知、痛觉的感知以及对温度形状的感知，也是我们经常提到的触觉辨识等。触觉感受器包括有：

1. 触觉小体

位置：皮肤乳头内、舌尖黏膜。

刺激：触碰。

适应速度：快。

触觉小体位置很浅，也就意味着很敏感，很容易被激活。接收范围很小，反应速度很快，但是它不是一直被激活的，而是激活后很快就会停止，它能告诉我们触碰的很多细节。

2. 梅克尔触盘

位置：皮肤表皮、毛囊。

刺激：皮肤变形。

适应速度：慢。

梅克尔触盘接收范围比较小，没有触觉小体那么精准。当有物体触碰了我们的身体时，触觉小体会告诉大脑有东西在触碰，而梅克尔触盘会告诉大脑有东西在触碰、是什么在触碰、它还在持续地触碰等。梅克尔触盘给了我们关于触碰质量方面的信息。

3. 环层小体（潘申尼小体）

位置：皮下组织。

刺激：压力、振动和张力。

适应速度：快。

环层小体位置比较深，是身体最大的感受器，相对比较容易激活，对于振动和深压有反应，适应速度相对比较快，能用深触觉来激活它们。

4. 洛菲尼小体

位置：毛囊、结缔组织。

刺激：皮肤牵拉、关节运动。

适应速度：慢。

它对拉伸有反应，所以当你的皮肤被移动牵拉的时候，它会有反应。只要皮肤移动了就可以激活这种感受器。这种感受器的功能很重要，因为它能帮我们知道手指在哪里。

5. 游离神经末梢

位置：真皮、关节囊、肌腱、韧带。

刺激：痛觉、温度。

适应速度：慢。

游离神经末梢位置非常表浅，能传递压力、温度和疼痛。比较难激活，信息传输到神经系统的速度慢，所以，当孩子擦破手臂，给他消毒后再贴上创可贴，你问他还疼不疼，他一定会说疼，因为感受器还是处于激活状态的。

6. 毛囊

位置：真皮深处。

刺激：毛发移动和疼痛。

适应速度：快。

毛囊的感受器很容易被激活。当你给儿童梳头，儿童知道梳子的走向或者儿童感觉到很疼痛，就是因为有这个感受器，它的激活速度非常快。

三、触觉系统掌管哪些功能？

1. 触觉系统影响觉醒度的调节

觉醒度通俗来讲，就是指人的精神状态。如果觉醒度过高，就代表着我们处于兴奋状态，如果觉醒度太低，就代表着我们无精打采，处于低迷状态。当大脑中枢神经系统接收到外界的感觉刺激，我们必须要调节觉醒度。过高过低都不好，只有在适当的程度才可以让神经系统正常有效率地工作，并产生适应性行为。

2. 触觉系统有利于儿童增强体质

儿童进行触觉活动，可以增加迷走神经的活动，增强免疫力。同时，通过触觉按摩可以改善血液循环，促进肌肉的协调，改善睡眠。抚触身体有利于胰岛素、胃泌素分泌增加，从而促进体重增加，引发身体的一些良性反应，助力儿童的身心健康发展。

3. 促进身体知觉发展和动作计划能力

婴儿在成长环境中可以得到充足多元的触觉刺激，通过触觉刺激，他们知道了形状、大小概念，知道了不同质地、不同状态的材料。这些信息输入中枢神经系统进行收藏和存储，让大脑获得一个完整的感觉信息，并产生感觉回馈，这些都是身体知觉发展的基础。一句话，通过触觉认识了物体，知道了大小、形状等概念后就可以发展出成熟的动作计划能力。

4. 影响儿童的情绪、安全感和人际关系处理

触觉刺激是新生婴儿稳定情绪和心理发展的主要来源之一。舒适、安全、适当的触觉刺激，尤其是母婴之间的触觉接触，除了有利于婴儿大脑发育外，也有利于依附关系的建立。

5. 影响儿童的注意力，容易分心

触觉学习不足，触觉系统不成熟，感受器所接收的信息比较多，自身也很敏感，任何风吹草动都会引发孩子的反应。这类儿童的智商很高，比较聪明，就是很难安安静静坐下，很难专心做完一件事情。

6. 影响儿童的进食

假如一个人口腔触觉敏感，他对食物的口感、质地就比较挑剔。有些儿童不喜欢黏黏糊糊的食物；有些儿童不喜欢吃青菜，特别喜欢吃肉、白米饭；有些儿童不喜欢刷牙等。这都和

口腔触觉敏感有关。其他外在表现还有挑食、厌食、餐饮习惯不佳等。

四、触觉反应过高的表现有哪些?

触觉反应过高可以理解为触觉过度敏感，对触觉刺激的反应过度。触觉防御在正常范围是合理的，这也是我们的本能，是对一些未知或者突发的危险做出的紧急避险行为。但是不能过度，对任何行为都采取防御或者过度防御就不合适了。这类儿童最让家长头疼，总感觉照顾不好他，因为他的脾气和行为很古怪，容易发怒，可能会有攻击人的行为。这类儿童智商一般都很高，反应速度也很快，就是在适应环境方面比较差。这是由于触觉感受器本身有的适应速度快，有的适应速度慢，有的值高，有的值低，就会对一些信息接收产生不同的反应，我们时时刻刻都在接收信息，比如你正在读书时衣服对身体的摩擦、微风吹过你的脸庞，你对这些信息不会产生太大的反应，甚至会忽略掉，但触觉反应过高的儿童却无法做到。

失调表现有以下几点：

(1) 不喜欢被别人拥抱或触碰，挑食、偏食、厌食、胆小、爱哭、黏人、性格孤僻。

(2) 不合群，不会和小朋友一起玩耍，容易和其他人发生争吵。

(3) 注意力不集中，容易分心，小动作比较多，很难安静坐下来。

（4）话多，容易兴奋，尤其是人多的时候特别兴奋。

（5）脾气急躁，没有耐心，抗挫能力差。

（6）有吃手、咬指甲、咬衣物的习惯。

（7）对一些细微的伤痛特别敏感。

（8）对洗头、洗澡、理发、剪指甲等容易抗拒。

五、触觉反应迟钝的表现有哪些？

触觉反应不足的儿童无法对外界环境中的感觉刺激产生有效的反应，对触觉刺激反应不敏感，很难感受到细微的触觉变化，对一些轻微的磕碰、擦伤没有感觉，行为比较缓慢，活动的参与性不高。这类儿童的反应速度也比正常儿童慢得多，显得比较笨拙。触觉反应迟钝的原因，一般会认为是中枢神经系统的分辨感觉能力较弱或触觉通路不通。

失调表现有以下几点：

（1）对一些疼痛擦伤反应不明显，看上去好像感觉不到疼。

（2）精细动作、手工、剪纸等动作做起来不协调或者很困难。

（3）穿衣服、穿鞋等动作比较缓慢，写作业也比较慢。

（4）自我刺激，过度渴望某些特定的触觉刺激。

（5）行为缓慢，动作笨拙。

（6）缺乏自我意识，不能保护好自己。

六、触觉辨识障碍的表现和调节有哪些？

【我们每天接触的触觉刺激信息很多，有冷热、粗糙、细软、震动、挤压、温度、湿度、形状等，中枢神经系统对这些信息都要进行解释、加工和处理。如果中枢神经系统无法识别、无法解读，那么这些信息得不到正确解读或有可能被误解，其外在行为就会发生障碍。举个例子，如果我们遇到多年不见的好友就会上前拥抱，并会用力拍打对方，正常我们把此时的拍打都会解读为善意的友爱的，即使对方力气稍大一些我们也不会生气，但是很可能被触觉辨识障碍的儿童解读为恶意的、不友善的，就会产生不适切的行为。】

如果存在触觉辨识障碍无法通过触觉对一些物体的形状、质地、大小、用途等清晰快速地辨识，需要通过视觉辅助完成。正常人可以不看，用触觉就能感知出来衣兜里的钥匙是车钥匙还是大门钥匙，但是对触觉辨识不良的人，必须通过看才能知道，无法凭借触觉做出正确判断。如果触觉辨识不良，就需要视觉辅助，本应该由触觉系统完成的工作，现在需要耗费更多的精力或其他系统辅助来完成。这样身体运用的效率大大降低，同时也会耗费更多能量。

失调表现有以下几点：

（1）意识不到衣服穿错或纽扣系错。

（2）仅凭触觉很难分清物体的大小、形状。

（3）在视觉看不见的情况下很难开展任何活动，讨厌戴眼罩。

（4）大脑辨识能力低下。

七、情绪控制不佳，为什么要进行触觉训练？

【孩子情绪控制不佳，有的人会说，十有八九是被家长给惯的，而从根本上讲孩子情绪不易控制还是因为触觉的发展不够理想。因为从生命形成之初，触觉和神经系统就是一体的，触觉的敏锐程度将直接影响大脑的辨别能力、身体的灵活度和情绪的好坏。】

刚出生的婴儿，原始的触觉系统还没有被打破，所以，他们的情绪变化也会比较丰富和直接，比如饿了吃不到奶就会立刻大哭，而被妈妈抱到怀里就会立刻停止哭泣，如果吮吸到甜美的乳汁，更是会露出满足的笑容。可以说，他们的大脑接收到什么样的触觉信息，都会直接表现出相应的情绪反应。只有随着后天大量的触觉体验和学习，如感受来自母亲的亲吻和抚摸，感受与兄弟姐妹邻居小伙伴的嬉戏玩闹碰撞接触，用手去触摸身边所有种类的物体，走进大自然体验造物者的神奇等，他们的触觉系统才会越来越完善，越来越稳定，他们对自我情绪的控制能力也才会越来越强。比如当他发现妈妈要暂时离开的时候，虽然会不开心，但是只要妈妈告诉他自己很快就会回来，他就能够暂时抑制悲伤，平静地等待妈妈的回来。当他发现自己心爱的玩具被亲戚家的小朋友不小心弄坏的时候，只要家长及时开导，他就能很快原谅对方并握手言和。

孩子只有经过大量丰富的触觉刺激，后天稳定的触觉系统才能形成和完善，情绪控制能力才能保持稳定，因此针对情绪控制不佳的儿童需要进行触觉训练。

八、注意力不集中的儿童，为什么要进行触觉训练？

触觉系统无时无刻不在接收着外界的触摸、按压、冷热、疼痛以及皮肤上的汗毛浮动等刺激，并把这些感觉刺激传输到中枢系统，从而牵引全身的脑神经系统。所以，它执掌的功能也非常广泛。触觉系统可以分为原始触觉系统和先进触觉系统，其中，原始触觉系统的主要作用是原始求生与自我防御，先进触觉系统的主要作用是区别分析与探索互动，取代原始触觉系统与抑制原始反应，建立自控能力。

先进触觉系统会影响到注意力，先进触觉系统发展良好的人，可以很好地区辨主体和背景，排除背景干扰，比如坐在教室里专注聆听老师讲课，而不被同桌无意间的碰触、手中铅笔是圆形还是三角形等无关因素影响。反过来，先进触觉系统功能不良，会出现容易分心、上课不专心听讲的注意力缺陷。因此，针对注意力不集中的儿童，需要进行触觉训练。

九、发育迟缓的儿童，为什么要进行触觉训练？

【发育迟缓的儿童，在感知与运动方面可能会存在障碍。发育迟缓分为语言发育迟缓、运动发育迟缓、精神发育迟缓，从感觉统合的角度来讲，这一类型的儿童第一层次的感知大多没有建立起来，通过触觉系统的按摩，可以建立起大脑对身体的感知，建立起大脑与身体之间的联系。】

激活触觉系统，大脑才能控制与语言相关的系统，包括口腔、呼吸、共鸣、构音等相关部位，相关系统才能协调运转，才能进行语言的相关输出，逐步提升发育迟缓儿童的语言能力。

触觉系统可以建立起大脑与身体各个部位之间的联系，从而使大脑能更好地控制自己的身体，并能灵活运用。如果把大脑比作开关，把身体各个部位比作电灯，那么发育迟缓的儿童其电灯与开关是不联系的，通过触觉是为了建立起联系，就等同于在他们之间连接一条电线，有了电线，开关就能够控制电灯，也就是大脑能控制身体，这样身体的运动能力才能提升，因此，触觉按摩可以提升发育迟缓儿童的运动能力。

总之，触觉系统的按摩对于发育迟缓的儿童是至关重要的。

十、疯跑、好动的儿童，为什么要进行触觉训练？

我们首先要分析儿童疯跑、好动的原因是什么，站在触觉系统的角度，我们要知道触觉是发育最早的感觉系统之一，也是最早向中枢神经系统传递感觉信息的系统之一，人的大脑要想维持正常神经机能以及正常状态，需要一定水平的感觉输入，我们需要从环境中获得触觉刺激，触觉刺激就像食物一样，给大脑提供营养，儿童成长早期如果触觉刺激不足，大脑就没有足够的营养，就会向外去找各种触觉刺激，在这个过程中，就会出现疯跑、好动的现象。因此，针对疯跑、好动的儿童要进行触觉训练。

十一、语言障碍的儿童，为什么要进行触觉训练？

有很多原因会造成儿童语言发育迟缓，其中一个因素就是口部运用出现障碍，针对口部运用障碍的儿童我们可以展开分析，可能由于早期吃流食比较多，咀嚼比较少，添加辅食比较晚，或早期没有进行大量触觉刺激的输入，造成儿童口部运用障碍。换句话说，口部触觉刺激不足，造成儿童口腔比较敏感，对外界任何的刺激都会出现逃避、排斥现象，因此会出现挑食、偏食的情况。包括不喜欢进行口部相关的运用，只要有口部相关的运用，都会感受到不舒适，造成口部运用能力提升比较缓慢，长此以往就会造成语言发育迟缓问题。

十二、学习和社交障碍的儿童，为什么要进行触觉训练？

学习和社交障碍的儿童进行触觉训练的原因在于，触觉系统在儿童整体发展中，特别是情绪调节、身体感知、运动协调以及社交互动中扮演着至关重要的角色。

第一，触觉相关活动如拥抱、握手等是人类社交互动的基础，触觉失调的儿童在与人接触的时候会有障碍，会逃避、排斥陌生的环境。触觉训练能够帮助儿童降低触觉防御，调节触觉反应模式，提高他们通过非言语方式与人沟通的能力，减少社交回避或过度亲近的行为。

第二，通过触觉系统相关训练，改善感觉处理以及感觉调节能力，有助于儿童减少外界无关触觉刺激的干扰，增强在学习任务上的专注力和持久性，提高学习效率。

因此学习和社交障碍的儿童需要进行触觉训练。

十三、吃手、咬指甲的儿童，如何通过触觉来进行改善？

【你的孩子有没有这样的情况：他总是不由自主地

把手放进嘴巴里用力吮吸，导致小手指被口水浸泡得发白；他甚至咬指甲吃，把每个手指上的指甲都咬得光秃秃的。吃手小到刚出生几个月的婴儿，大到已经上学的学生，甚至一些成年人在思考问题或紧张的时候，也会不由自主地啃手、咬指甲。】

为什么会出现这样的现象？手真的有那么好吃吗？触觉遍布全身，而孩子爱吃手、爱咬指甲、爱咬人，正是口腔内部在获得触觉刺激学习的过程。只不过，同样是吃手，2 岁以内和 2 岁以上其初衷是完全不同的。2 岁之内的孩子，本身还处于原始触觉系统敏感性未完全打破，后天触觉系统稳定性未完全建立的阶段，出现吃手的表现属于很正常的学习方式。通过吃手孩子可以顺利地从口的敏感期进入手的敏感期，开始真正用手探索世界的阶段。所以，父母在保证卫生和安全的前提下，不去过度地限制阻挠，等到孩子获得满足，便可以安然度过这一敏感期，以后也不会再出现类似吃手、咬指甲这样的行为。但是如果 2 岁之前父母没有很好地满足孩子吃手的需求，便很容易导致他们的口腔敏感期被大大延长或者推迟。只要孩子的口腔触觉体验不够，在以后的日子里，任何时候他都有可能重新捡起吃手的不良习惯，进行自我弥补。

对于这类孩子，必须要弥补足够的口腔触觉刺激，让孩子把先前缺失的体验全部补回来才可以。这时候家长尽量不要限制，多让孩子咀嚼一些坚硬的食物，多给孩子做口腔触觉按摩。

十四、触觉如何训练，应遵循哪些原则?

给儿童进行触觉训练时，一定要注意他对触碰、挤压、拥抱等刺激的身体反应和情绪反应，同时重点观察儿童触觉系统失调是感觉调节障碍还是触觉区辨障碍。如果是感觉调节障碍，就要用深压觉和轻触觉刺激，深压觉目的是让其冷静，降低警醒度；轻触觉是让其清醒，提升警醒度。如果是触觉区辨障碍，就要进行多元化的触觉刺激，让儿童主动接触冷热、挤压、震动、粗糙、光滑、柔软等刺激。

1. 温柔善待，谨慎接触原则

为触觉系统失调儿童训练时，要注意动作的幅度和力度，家长或训练老师要时刻通过眼神和情绪表达友善，一定要注意温柔善待。

2. 避免被动接触儿童

训练初期尽可能少用身体接触儿童，如果实在需要身体接触，要提前通知或以其他方式告知，以免因被动刺激而引发触觉防御。

3. 触觉系统改善是一个长期而不间断的过程

触觉系统改善是一个循序渐进的过程，需要缓慢进行，不可一蹴而就，否则会引起儿童强烈的抗拒和反感，容易造成心理上的伤害。

4. 触觉训练要掌握度

这个度就是不要让儿童过度恐慌、抗拒、害怕，不要跨越这个界线，如果发现儿童崩溃要立刻停止，千万不要挑战这个底线。

5. 以儿童主动训练为主

主动触觉刺激是为了发展触觉辨识，在训练过程中以儿童主动寻找触觉刺激为主。

6. 触觉介入调节警醒度

利用按摩刷、羽毛、丝绸进行轻触的刺激，提升警醒度水平；利用深压觉，挤压、按压、长时间拥抱，来降低警醒度水平。

7. 触觉刺激多样性

可以利用震动、深压、温度（冷热）、质地（硬的、软的、粗糙的、光滑的）、形状（尖锐、钝器、各类形状）、两点间的触觉定位、持续、瞬间等各类触觉刺激。

8. 触觉刺激多个部位

口、脸、头、耳朵、颈、躯干、四肢。

9. 触觉刺激的形式

被动的触觉刺激和主动的触觉刺激。

10. 触觉区辨障碍

有些儿童触觉定位、触觉辨识能力不足，无法准确判断触碰的质地和被触碰的位置，无法辨识触碰的形状，触觉空间和时间上的辨识能力也下降，这类儿童在治疗时要与运用能力治疗同时介入，提供丰富的触觉刺激，此时采用深压觉的刺激是很有必要的。

第五章　感觉统合——前庭系统

【前庭系统的发展对于儿童的身体协调、空间感知、注意力集中和情绪调节等方面都有着重要的影响。通过提供适当的前庭刺激和支持，可以帮助儿童发展正常的感觉统合能力，促进儿童能力的全面发展。因此，作为家长及教师应该掌握什么是前庭、前庭系统失调的表现以及前庭系统的影响因素等知识，帮助儿童远离前庭失调。】

一、为什么前庭系统是感统训练的核心？

激活前庭系统可以让“我”在三维空间很好地定向。我们要知道自己在空间中的位置，这个很关键，也是我们生活社交的基础。容易迷路、方向感差的人大多都与前庭功能失调有关。

很多孩子在一定空间内乱跑乱动，为什么？因为他们在空间中找不到“自己”的位置，一直在通过跑动不停地寻找自己的位置。只有在空间位置稳定，定向后，前庭系统才会导向我们要关注的事物，这样才会有注意力，才会与外界产生互动。很多儿童注意力不集中，不听从指令的根本原因也就在于此。

激活前庭系统，让身体处理好和重力的关系。艾尔斯博士说过：人和重力的关系，比与母亲的关系还重要。我们最基础的躯体安全感就来自如何感知我们和重力的关系。我们生活在重力场内，出生后要处理的第一个关系就是身体和重力的关系。有些儿童不敢从高处跳下，不敢做离开地面的游戏，害怕快速移动和跌落，这可能就是由于有重力不安全感导致的。

艾尔斯博士认为，前庭系统的重要作用就是对其他感觉系统的调节。他所举的例子就类似于收音机的音量，过高或过低我们听起来都不舒服，将收音机的音量调高或者调低，这种调节的目的就是让感觉输入能达到一个平衡，让大脑保持适度的觉醒度水平，才会保证大脑的正常机能。因此，前庭训练是感统训练的核心。

二、前庭感受器（半规管和耳石器官）

1. 半规管

在人体左右两侧内耳处各有三组封闭的管子，称之为 3 个半规管（前、外、后），主要负责侦测头部的角度变化或者加速度、减速度的速率以及方向上的变化。3个半规管之间以两两垂直方式排列，也就是同侧的半规管中，水平半规管与另外两个是互相垂直的关系，可以想象为墙角的样子。这是同侧的关系，那么和对侧的关系呢？右侧和左侧外半规管，左侧前半规管和右侧后半规管，左侧后半规管和右侧前半规管，这三组半规管构成3个共同的平面。

半规管由互成直角3个半圆形管（水平管、前管、后管）构成，当身体移动时，管内淋巴液流动，触动里面的毛细胞，将旋转、加减速度等动态信息传到前庭神经。对于动态的头部位置感知，它可以感受加速和减速，也就是对于速度改变的感知。它是瞬时的反应，开启之后立刻就关掉，这样的功能让感受器能够感知身体位置的改变，如果运动变成匀速的，即使再运动，半规管也不再运作了。所以，直立和平衡反应都与半规管的功能有关。

2. 耳石器（椭圆囊和球形囊）

除了半规管，前庭感受器还包括两个膜性囊，即椭圆囊和球囊，这两个囊相互交通，并且球囊向前连通着蜗管，椭圆囊向后连通着3个半规管。这两个囊内分别有两个重要的平衡觉感受器：椭圆囊斑和球斑。斑的结构非常复杂，但我们只要知道最重要的一点：囊斑由一层结缔组织、一层上皮和一层耳石膜组成，其中上皮呈高柱状，由支持细胞和毛细胞组成。毛细胞会有许多纤毛伸入耳石膜的那一层厚厚的蛋白一样的胶质膜中。而胶质膜的浅表面上，附着有碳酸钙、中性多糖和蛋白质混合而成的碳酸钙晶体——耳石！

耳石有一定的重量，所以在头部位置发生改变时，由于惯性，它们会压迫或牵扯纤毛，刺激深层的前庭接收器，最终神经冲动将通过前庭神经传至小脑，产生头部的位置感觉和重力改变的感觉。

半规管主要负责感受头部在前后、左右、上下 3 个平面内角加（减）速度的变量，耳石器主要负责侦测直线加（减）速度与重力加（减）速度的变量。两者结合起来，就可以非常精确地告诉我们和地平面的关系在什么位置，什么方向，是动、是静，运动速度是快、是慢，以便及时平衡身体。

三、前庭系统掌管的功能

1. 过滤信息，门槛作用

进入大脑的信息除了嗅觉之外，其他感觉信息都要经过前庭系统的过滤和筛选，把一些不重要的信息过滤掉，给大脑减轻负担，这样保证我们可以专心去做一件事。我们经常会看到一些儿童注意力不集中、特别好动，评估给出的结论是前庭系统失调。

2. 调节眼球的运动

当我们在转动头部时，要保持视觉稳定，这很重要。前庭系统就是要保持头部稳定，尤其是移动过程中的头部稳定，同时保证眼球稳定，只有这样才可以看清楚物体，视觉才可以做到追踪、聚焦和注视。视觉稳定的情况下环顾四周，可以稳定地判断空间环境，可以稳定地读写，可以稳定地搜索和追视。这一切都依赖于前庭系统功能的正常发挥。眼球运动的准确性和协调性由前庭系统调节，眼球直接接收来自半规管的刺激。如果前庭功能失调，儿童可能会出现眼神不对视、目光呆滞、读书错行漏字、偏旁部首写反、眼睛经常左顾右盼、稳定性差等情况。

3. 姿势维持与控制

前庭系统上行到达眼球控制，下行就是维持姿势，也就是说姿势的维持和控制是由前庭系统来负责的。我们在日常训练中重点训练俯卧伸展和仰卧屈曲。良好的前庭系统可以发展出维持肌肉的张力和良好的核心肌肉群，从而保证我们有稳定的坐姿、站姿。有些孩子坐一会就会喊累，姿势就会发生改变，这与前庭系统发展不良有关。前庭神经核把一部分信息向下传导到脊髓，告诉身体肌肉应该何时收缩、何时运动，同时肌肉关节的感觉也会把信息传送到前庭神经核和小脑，小脑在这里就负责协调身体平衡。前庭神经持续不间断地信息输入，协助肌肉产生张力，维持和控制身体的姿势特别是伸展和直立的姿势。如果前庭功能不足，肌肉张力不足，姿势控制和维持就会出现障碍。

4. 掌管方向感和空间感

前庭系统的耳石器官要时刻处理我们和重力之间的关系，前庭系统要告知身体“我”的锚定点，目的就是让你迅速找到自己在空间中的位置。有了这个位置，你就可以在空间中活动，而且这个锚定点随着空间位置的变换在不停地变化。前庭系统的半规管感受器在旋转的时候，一侧是激活，一侧是抑制，这一功能让我们可以准确辨识左右方向。耳石器官让我们知道了上下关系，所以前庭系统帮助我们建立了空间的锚定点，辨识了方向。在测评中经常见到一些孩子进入较大的空间内就开始疯跑，无法安静，这可能是前庭空间失调，无法建立锚定点导致的。

5. 影响注意力状态

前庭系统对输入的信息加以过滤筛选，把重要的信息传递给大脑，把一些无用的、干扰的信息过滤掉，大脑就可以专心做某一件事。另外，网状结构影响着觉醒度，保证大脑处于清醒的工作状态，当我们的身体有摇摆、旋转、悬荡、加速度等不稳定状态出现时，前庭系统必须立刻起到调节作用，这样才会保证大脑保持正常的生理机能，保持清醒状态。如果前庭失调，儿童会出现容易分心、小动作比较多、精神涣散等表现。

四、前庭反应迟钝的表现有哪些？

【前庭反应迟钝的孩子，家长如果仔细观察就会发现他们即使旋转很多圈，也不会觉得头晕想吐，这是因为他们的某部分前庭系统根本就没有发挥作用，对输入的感觉刺激反应过低的缘故。这类孩子通常会因为前庭功能的不足导致左右脑相互通过不良，以至于在身体的双侧协调上遇到困难。】

失调表现有以下几点：

（1）写反字。前庭神经反应能力不足的孩子，很容易把一些看起来比较近似的字体给写反，比如把“b”写成“p”，把“6”写成“9”，把“p”写成“q”等。

（2）对于强烈的、加速以及旋转的动作比较喜欢，甚至有很大的需求。比如在有滑轮的椅子上来回摇晃、旋转，在弹跳床上不停地跳，喜欢在转弯处追逐竞速，甚至喜欢坐过山车，坐很多次也不会头晕。

（3）喜欢冒险，喜欢找刺激。比如在骑自行车的时候越骑越快。

（4）常常喜欢从很高的地方往下跳。

（5）好像总是需要不停地动来动去，才不会觉得身体无处安放：比如摇来摇去，荡来荡去，不停旋转，不停抖动身体，摇头，甩手，坐立难安等，反正根本就没办法好好地坐下来。

（6）很喜欢被翻转成倒栽葱的姿势。比如挂在床边晃来晃去，或是趴着被摇来摇去等。

（7）平衡感比较差。经常容易摔倒，也经常不小心就撞翻物品或撞上家具。

五、前庭反应过高的表现有哪些？

【这一类型的孩子对于移动和重力方向上的改变总是忧心忡忡，因为他们总是感觉自己快要摔倒了，所以当别的小朋友都在快乐地又跑又跳的时候，他们却总是选择能不动就不动，能坐着就不站着。】

这是由于前庭系统功能不足，对接收到的前庭刺激反应过度，影响对感觉信息的调节，过高的神经冲动，造成大脑边缘系统的激活，进而产生防御反应及压力反应，因为只要头部位置空间有位移或变化都会产生前庭刺激，因此这一类型的儿童容易对运动类活动产生厌恶性反应。

失调表现有以下几点：

（1）怕高。前庭反应过高的孩子，对于一般人都可以接受的高度也无法忍受，下楼梯的时候会非常紧张，双手总是紧紧握住扶手，包括从有护栏的阳台往外看也会非常害怕。

（2）讨厌双脚悬空。不喜欢坐高脚椅或被高高地抱起，他们总是挣扎着非要下来。当然，如果有爸爸妈妈在身边还会好一些，能够多配合一段时间，但也只是一会儿，时间一久，还是会吵闹着要回到地面上。

（3）不喜欢玩游乐场中的大型设施。比如秋千、滑梯、攀爬架和旋转木马等。

（4）前庭反应过高的孩子，往往警觉性很高，也正因为如此，他们做事情总是小心翼翼，所以看起来就比较慢。另外，他们也往往能够耐得住久坐，不喜欢冒险。

（5）不喜欢参加体能性的活动。比如跑步、骑脚踏车、滑雪橇和跳舞等。

（6）排斥感觉刺激。对于一般动作所带来的感觉刺激，也会产生负面情绪化的过度反应。

（7）不喜欢头被倒过来。比如洗头的时候需要把头弯下去，他们就很不能接受。

（8）不喜欢爬楼梯。有些孩子可能一上楼梯就会觉得不舒服，常常需要贴着墙走或抓紧扶手。

（9）容易觉得晕眩。不管是乘车、坐船、搭火车还是坐飞机，前庭敏感的孩子都很容易晕眩，严重的可能连搭乘扶梯和电梯也不能忍受。

六、什么是前庭平衡，平衡感重要吗？

前庭平衡是指前庭系统可以掌控机体的平衡感。前庭系统在维持身体平衡与身体姿势方面起到关键的作用，特别是在较小的支撑面上维持身体姿势的能力。前庭系统的 3 对半规管与耳石器可以感知头部运动状态以及重力方向。当我们在发生移动、转身、跳跃、伸直、站立的时候，前庭系统会接收关于头部位置与运动变化的信息，并将这些信息传递给大脑，大脑根据这些信息调整身体相关部位的肌肉紧张度，用来维持正确的身体姿势与平衡，防止跌倒或者摇晃。

平衡感首先可以起到保持身体协调与运动能力的作用，良好的平衡感是进行各种运动活动以及日常动作的基础，有助于提升身体的协调性。其次，对儿童而言，平衡感越好的情况下，感觉统合能力发展会越好，与促进注意力、理解逻辑、学习能力等各种技能息息相关。最后，平衡感是人类一切活动的基础，如果没有平衡感，人类所有的活动都无法完成，就好比我们站在一个晃动的球上面，只要身体发生位移，身体姿势就无法维持，就很难参与日常的活动。

七、什么是抗重力，和前庭系统之间的关系是什么？

儿童出生后抗重力能力是非常关键的，因为儿童在子宫内是没有重力场的，出生后便有了重力场，就要处理好与重力之间的关系。早期儿童与重力之间的关系比与妈妈的关系还要密切，如果处理不好与重力的关系，儿童会睡眠不好、情绪控制不好、内稳态不好。主要是前庭系统的耳石器来负责处理抗重力的能力，耳石器感受前、后、上、下方向的加（减）速度，因为耳石的移动传导的是移动的信息，所以它们对于和重力相对的运动信息就非常敏感，能够通过耳石器感知重力变化的信息。

前庭系统的输入对控制抗重力肌肉的活动至关重要。例如，当身体倾斜或改变方向时，前庭系统会迅速检测到这些变化，并发送信号到大脑和脊髓，进而激活相应的肌肉群，比如腿部、躯干和颈部等近端肌肉，以保持身体稳定和平衡。如果前庭系统功能不佳，可能会导致抗重力肌肉的协调和控制出现问题，身体的稳定性就会出现障碍，表现为姿势不稳、运动协调性下降或平衡能力减弱。因此，前庭系统的正常运作是确保有效抗重力反应和维持日常活动能力的基础。

八、什么是前庭空间?

前庭系统功能相关的空间感知能力，它位于内耳，负责感知身体的运动、头部位置以及重力方向，对于维持平衡、协调动作和空间定向至关重要。前庭系统通过检测头部的移动和重力的变化，为我们提供了关于自身在空间中的位置和运动状态的持续信息。这种感知对于形成准确的远近、高低、前后、左右等空间概念极为重要，被称为空间视知觉。

前庭系统的半规管感受器在旋转的时候，一侧是激活，一侧是抑制，这一功能让我们可以准确辨识左右方向。耳石器官让我们知道了上下关系，所以前庭系统帮助我们建立了空间的锚定点，辨识了方向，只有建立了锚定点，确定了我们所在空间中的位置，才能建立对整体空间的认知。

前庭系统就好比是雷达系统，对整个空间进行侦测与判断，进而分析处理空间信息。一旦出现障碍，孩子在学龄期就感觉语文、数学学习有困难（想象力不足），容易产生迷路、恐高、晕车、逻辑思维能力不足等问题。

九、发育迟缓的儿童，为什么要进行前庭系统训练？

发育迟缓是婴幼儿在生长发育过程中出现的速度放慢或顺序异常等的现象。一般婴幼儿在成长的过程中，只要在感觉、动作、沟通、认知、情绪、社会适应、生活自理等 7 个层面中有 1 项或 1 项以上的功能比 90% 的同龄孩子差，就表示他的发展出现迟缓的现象。发育迟缓的儿童，早期主要是在感觉、动作方面存在迟缓现象，所以，进行有针对性的感统训练，也就是给予相关丰富的感觉刺激十分有必要。同时，发育迟缓的儿童还会存在姿势控制与平衡的问题，此时通过前庭系统的激活，有利于信息的输入与输出，有助于大脑控制身体肌肉，并做出适切性的反馈，因此针对发育迟缓的儿童有必要进行前庭系统的训练。

十、疯跑、好动的儿童，为什么要进行前庭系统训练？

第一个角度，人的大脑要想维持正常的神经机能，维持正常的状态，一定水平的感觉输入是必不可少的。我们需要从环境中获取触觉、视觉、听觉、嗅觉、味觉、运动觉、本体觉、前庭觉等很多感觉刺激。这些感觉刺激就类似食物一样，源源不断地滋养着我们的大脑，使其维持正常状态。一旦这些感觉刺激被剥夺、被中断或者被限制，那么儿童就会采取非常规手段来获取这些刺激，也就是说，当早期给到的前庭刺激量不足，大脑也不会坐以待毙，它就会进行前庭刺激的寻求，去激活前庭系统，激活前庭就要进行角度变化以及线性的刺激，也就是头部做出位移的动作，恰恰跑的过程、动的过程都能够弥补前庭刺激不足的情况。

第二个角度，由于早期前庭系统刺激量不足，就会造成前庭系统功能不足，尤其是前庭抑制功能不足，儿童易出现过分的冲动，外在表现就是疯跑、好动。

第三个角度，前庭系统上行到达眼球控制，下行就是维持姿势，也就是说姿势维持和控制是由前庭系统来负责的。良好的前庭系统可以发展出维持肌肉的张力，前庭神经核把一部分信息向下传导到脊髓，告诉身体肌肉应该何时收缩、何时运动，肌肉关节的感觉也会把信息传送到前庭神经核和小脑，小脑在这里就负责协调身体平衡。如果前庭功能不足，肌肉张力不足，姿势控制和维持就会出现障碍，就会造成大脑掌控不了身体的状况出现，进而出现疯跑、好动的现象。

常见前庭训练方法：大陀螺旋转、跳床跳跃、滑板车俯冲、快速冲跑、侧翻滚、前滚翻、荡秋千等。每位儿童都有个体差异性，具体训练量还需经过专业老师评估后做制定。

十一、语言障碍的儿童，为什么要进行前庭系统训练？

儿童语言障碍有以下几类：

第一类是属于没有语言的情况。由于语言的产生与运用的过程都需要神经信号的转换与传导，无论输入与输出，都是极其复杂的神经信号传导、解码和处理过程。而前庭系统负责对视觉与听觉信息的初步处理，如果前庭处理功能不足，导致很多的视觉信息和听觉信息无法有效被解读、被编码、被传导至特定功能区，相应功能就无法正常发挥作用。

第二类是发音不清的情况。由于前庭系统的功能是通过神经控制肌肉，同时也包括与口部相关的肌肉，如果前庭系统发展不足，就会造成无法掌控口部相关的肌肉，口部肌肉无法进行共济收缩，协调运作，就会出现发音不清晰。

第三类是语言逻辑不佳。前庭系统主要负责对信息进行分化后，再传递给大脑特定功能区，如果前庭系统功能不佳，就会造成传递给大脑的信息是混乱的、没有次序的或者是不全面的，这都会影响儿童的逻辑性，同时也包括语言逻辑。

针对以上三种类别的儿童侧重点需要进行前庭系统的锻炼，促进信息的注册和信息分化的能力，提高儿童自主性语言表达和语言的逻辑性，如大象鼻子旋转、前滚翻、侧翻滚、旋转椅旋转等。

第二方面侧重构音器官的锻炼，唇、舌、下颌、咬肌部位的感知和运动练习，他们之间的协同运动会影响构音的清晰度。

第三方面侧重语言环境的提供和语用习惯的养成，只有听得到才能说的出，只有看得到才能说的明，视觉的运用也会影响到语言逻辑的发展。如果儿童语言环境不丰富，家长教的少或家长很少与儿童进行语言交流和互动，那么也会限制儿童语言原素材的获取，语言表达也会受限。若儿童能发音，家长就需有意识引导儿童模仿发音，激发儿童语言表达的习惯和欲望，不能孩子一个眼神或一个肢体动作就立刻进行满足，要适当延迟满足，引导儿童开口发音。

十二、疑似自闭症的儿童，为什么要进行前庭系统训练？

【疑似自闭症的儿童大多会有如下的表现：无眼神状态、无指令回馈、觉醒度异常、信息处理障碍，因此前庭系统的相关训练就至关重要。】

（1）前庭系统通过动眼神经、滑车神经、展神经控制动眼肌肉，进而掌管眼球运动，前庭系统发展不足会影响整体眼神状态以及视觉相关运用，通过前庭系统的训练可以帮助提升发育迟缓儿童的眼神状态。

（2）前庭系统有非常多的神经传导通路通过，其中就有神经传导通路连接的网状结构系统。网状结构主要负责调节觉醒度，前庭系统功能不足或前庭刺激量不足，都会造成觉醒度的异常，适量的前庭刺激可以提高大脑的警醒度与注意力水平，否则刺激不足可能导致觉醒度降低，过度刺激会造成过度兴奋，从而影响觉醒度，进而影响行为表现。

（3）指令回馈障碍的儿童在指令输入以及指令回馈上的不足，这些能力的不足都与前庭系统息息相关，指令在进行输入的过程中，由前庭系统再传递给大脑，大脑才会接收到指令。举个例子，把公司老板比作大脑，把老板的秘书比作前庭系统，进入公司谈合作的人比作进入大脑的信息，信息通过前庭系统进入大脑的过程，就好比谈合作的人先找秘书，然后秘书再让老板接待是一样的，如果前庭系统功能不足，就是秘书不工作，谈合作的人无法进入公司通过秘书找老板，也就是大脑得不到信息，外在表现也是没有指令。因此，针对疑似自闭症的儿童，一定要进行系统的前庭训练。

十三、姿势控制不佳，身体软弱无力，为什么要进行前庭系统训练？

前庭系统能调节儿童的姿势反应。当身体受到外力作用或处于不稳定状态时，前庭器官会迅速感知并产生相应的信号。

这些信号通过神经传导至大脑后，会触发一系列的姿势调整反应，如调整重心、伸展或收缩肌肉等，以恢复身体的稳定状态。同时，当儿童进行站立、行走、跑步等活动时，前庭器官不断接收头部位置和运动状态的信息，并通过神经传导至大脑，大脑根据这些信息调整肌肉张力、关节活动以及眼球运动等，以确保身体保持稳定的姿势和平衡状态。

前庭系统上行到达眼球控制，下行就是维持姿势，也就是说姿势维持和控制是由前庭系统来负责的。我们在日常训练中重点训练俯卧伸展和仰卧屈躯。良好的前庭系统可以发展出维持肌肉的张力，发展出良好的核心肌肉群，用以保证我们的坐姿、站姿。有些孩子坐一会就会喊累，姿势就会发生变化，这与前庭系统发展不良有关。前庭神经核把一部分信息向下传导到脊髓，告诉身体肌肉应该何时收缩、何时运动，同时肌肉关节的感觉也会把信息传送到前庭神经核和小脑，小脑在这里就负责协调身体平衡。前庭神经持续不间断地信息输入，协助肌肉产生张力，维持和控制身体的姿势特别是伸展和直立的姿势控制。如果前庭功能不足，肌肉张力不足，姿势控制和维持就会出现障碍。

十四、眼神不对视、眼球运动控制不佳的儿童，为什么要进行前庭系统训练？

前庭神经核接收多个系统信息，与多个系统协同运作，前庭核接收的信息上行会传输到眼球运动核，作用于眼球控制神经核，脑神经中有 3 对与眼球运动控制有关的神经，分别是动眼神经、滑车神经、展神经。前庭系统与眼球运动系统协同工作，共同来控制眼球运动，当头部位置发生变化时，前庭眼反射用来维持视觉的稳定，保证视觉的聚焦。视觉相关运用能力都与前庭系统的功能相关，如果把眼球的运动比作是皮影，那控制眼动的神经系统包括前庭系统就是拉动皮影的绳子。因此前庭系统不佳，很容易造成眼神不对视及眼球运动不佳的情况。对于这样的儿童需要进行前庭系统相关训练。

十五、双侧分化和运用不良的儿童，为什么要进行前庭系统训练？

双侧分化不良的儿童进行两侧协调的活动时，如双手同时操作、双脚交替行走等，会表现出明显的动作不协调。他们可能无法准确地控制身体的各个部分，导致动作生硬、不流畅，在执行需要按一定顺序完成的动作时，很容易出现顺序性错误，例如在穿衣、系鞋带等日常活动中，他们可能无法按照正确的顺序进行操作。

双侧整合是前庭功能一个重要组成部分，它和视觉、本体觉系统功能密切合作。双侧整合对于我们感知两侧的运动很重要，也对我们感知直立这个方向感很重要。有些儿童走路时双臂不能有节奏地动起来，也就是我们经常讲的“顺拐”，这时就要特别注意双侧协调的问题。尤其直立时的姿势并不像坐着或者躺着时的姿势那么稳定，因为后者支撑面比较大，前者则只有脚这么大，所以我们做出手和上肢的运动时，对姿势控制就有更大的挑战，这个时候就需要前庭觉的输入。通过前庭系统来调整双侧协调和平衡，才能保证站立或直立行走而不摔倒或者倾斜。如果前庭系统功能不足，就有可能造成双侧分化不良及身体运用不足的情况，因此需要进行前庭系统相关的训练。

十六、前庭系统如何训练，应该遵循哪些原则？

【前庭系统训练是感统训练的核心，感统训练主要就是针对前庭系统展开的。因为儿童的大多数感统失调行为都与前庭系统功能不足有关，也即前庭系统掌管着身体很多功能，而且都是核心功能。】

在进行相关训练的过程中，需要遵循如下原则：

1. 主动刺激原则

针对前庭系统失调的儿童，应尽量鼓励其主动参与训练项目。很多儿童喜欢旋转、蹦跳、跑动，这就是因为前庭刺激不足引发的感觉寻求行为，也可能是现有的刺激强度和量不够，导致儿童进行本能的自我刺激。如果发现儿童有很强的前庭刺激需求，可以加大训练力度和训练量。不过要注意，加强之后一定要看儿童的身体反应，有没有恐惧、呕吐或头晕不舒服的情况。如果训练一段时间后儿童可以和环境互动，则可以继续训练。如果儿童身体不适，脸色苍白、不说话、不参加运动，情绪低落则需要停止或降低训练强度。

2. 适宜的感觉输入

如果儿童反应不足，可以增加前庭输入，以强烈的旋转和不规律的跳动来实现。如果儿童厌恶动作，或者表现出对重力的不安全感，就要调整刺激的强度，以缓慢有节奏的线性刺激为主，在进行前庭刺激的同时增加视觉、听觉和本体觉刺激的输入。

3. 利用前庭刺激调节觉醒度

前庭感觉输入是很强烈的，这种刺激会打破交感神经和副交感神经的平衡度，激活交感神经。儿童可能会出现恶心、呕吐、脸色苍白、兴奋等。我们可以用快速的角度变化、快速的身体移动、快速的头部位置的改变来提高觉醒度；用舒缓的、有节奏的、有规律的角度变化或线性刺激，来降低觉醒度。

4. 重力不安全儿童训练注意事项

起初训练强度不宜过大，要以地面训练活动为主，难度也不宜过大。训练老师要主动和其建立良好的关系，增加儿童的安全感，慎重进行离开地面的空中训练。

5. 运动厌恶反应感强烈儿童的训练注意事项

从缓慢有节律、低强度的训练开始，从儿童可以接受的挑战和难度开始。最初目的就是提高儿童的运动耐受能力，提高身体行为的组织能力。

十七、前庭系统与动眼控制的关系

【前庭系统与动眼控制相互的关系在感觉统合发展过程中起着重要的作用，它们之间的相互作用和调节机制对于维持身体平衡、调节眼球运动以及促进儿童成长发展都具有重要意义。因此，我们应该充分重视这两个系统的发展和锻炼，以确保我们能够拥有清晰、稳定的视觉。】

1. 前庭系统对动眼系统的控制

当头部的位置和运动变化时，前庭系统会进行感知，并将这些信息通过神经传导至大脑的前庭神经核。前庭神经核是处理前庭信号的重要位置，它不仅能够接收来自前庭系统的信息，还能够与动眼神经核等建立联系。通过复杂的神经网络，前庭神经核能够控制动眼肌肉群的运动，使眼球的运动与头部的运动保持平衡。

详细来说，当头部发生移动或倾斜时，前庭系统会感知到这种变化并产生相应的信号。这些信号通过神经传导至前庭神经核后，会进一步唤醒动眼神经核中的神经元。动眼神经核发出信号，通过动眼神经将信号传递至动眼肌肉群，使眼球产生相应的运动以代偿头部的位置变化。这种代偿机制有助于保持视觉的稳定，让我们在头部位置发生变化时能清晰地看到目标物。

2. 前庭眼反射

前庭眼反射主要指头部位置发生变化时，前庭系统能够迅速感知，并通过神经传导通路将信号传递给前庭神经核，进而控制眼球的运动，以保持视觉的稳定。这种模式有助于我们参与到日常的生活中，这种反射模式类似于拍摄用的云台，无论怎么动，都可以拍出清晰的画面。前庭眼反射主要是维持视觉稳定，进而稳定我们的姿势。

前庭系统发展不足的儿童，可能会出现视觉稳定性较差，视觉运用不灵活等问题，进而影响日常生活与学习。

第六章　感觉统合——本体系统

【在日常生活中，我们上下楼梯，不用看就可以完成；不需要镜子，就可以摸到眼睛、鼻子、眉毛等身体部位；吃饭的时候，不看嘴巴就可以把食物送到嘴里，这都是本体系统在发挥重要的作用。这些能力不仅与儿童的身体协调、姿势维持、运动能力有关，还和儿童的胆量相关。因此，作为家长与教师应该掌握什么是本体、本体失调的表现、本体系统的功能及影响等知识，以便帮助和促进儿童本体系统的正常发育，获得胆量与自信。】

一、什么是本体系统，掌管哪些功能？

【如果把人比成一辆车，那么本体就是车身和四个车轮，导航确定了目标地，发动机开始启动，车身要保持稳定，车轮开始正常转动，最终才能到达目标地。若儿童本体发展不足，即便大脑能够处理所接受的感觉信息，但最终进行执行和反馈时也可能会出现行为障碍，导致儿童知道怎么做，但就是做不对或执行起来比较吃力。尤其像攀爬、跳跃、行走、穿衣、握笔、使用日常工具等，这些都需要有本体系统的参与和反馈，正是因为有本体系统的反馈，人类所执行的动作才会越来越准确。】

从专业角度来讲，本体觉是指人体的肌肉、肌腱、关节等运动器官在不同的状态下所产生的感觉，可以给我们提供身体、头和四肢等位置和方向的信息，告诉我们动作的速度和时间信息、身体肌肉拉伸的长度、肌肉所产生的力量、关节的位置、身体移动的速度快慢等。

本体系统具有以下 5 个功能：

（1）执行先进触觉系统的部分功能，调节情绪和降低警醒度。

（2）促进身体概念的建立。当身体某个部位不断施力和受力时，会加深中枢神经系统对这个部位的认识和概念的建立，有助于人体更加熟练、稳定、高效地运用肢体。

（3）促进动作计划。在身体概念建立完成良好的情况下，大脑会对身体各部分的功能以及如何运用有清晰的认识，在动作发生之前就能更好地对身体各个部位的能力进行综合考量，从而制定出身体运作的流程和方式，这就是所谓的“动作计划”。

（4）掌管着躯体和头部的协调，校准姿势位置。

（5）改善儿童注意力。本体觉不良时，因为身体概念建立不良，身体运用比较费力，儿童需要花许多精力关注和调整自己的身体位置，而身体的任何移动以及关节的施力、受力都会影响儿童的注意力。

二、本体觉感受器

本体觉有3大感受器分别为：

（1）肌梭。分布于骨骼肌中，是感受肌肉被牵拉刺激的器官，形如梭状。当肌肉被牵拉时，肌梭就会被拉紧，长度发生变化，当肌肉收缩时肌梭就会变松，这些信息都会传递给大脑，让大脑感受到肌肉的状态。

（2）高尔基腱器官。它是一个张力感受器，具有保护功能。如果肌肉产生太多张力，它会对其产生抑制作用。

（3）关节感受器。关节感受器在关节囊里，和肌梭一起协作，报告在静止和运动状态下关节的位置。它能感知每一个关节的位置和每一条肌肉上产生的张力，并且把这些信息传递给大脑，大脑再根据这些信息相应地指挥身体做出一系列的动作。

三、本体觉失调的表现有哪些？

本体觉发展不良的常见表现有如下几点：

（1）动作不协调、身体平衡困难、走路容易跌倒。在动作行为上表现为反应较慢、动作迟缓等。

（2）动作记忆差，学技术困难。如穿衣服、扣扣子、拿筷子、系鞋带、写字、绘画的能力远低于正常儿童。

（3）体育运动能力差。如不会翻滚、骑车、跳绳和拍球等。

（4）虚胖、散漫，站姿、坐姿和看书姿势不正常。如托腮、身体向一侧倾斜，易驼背近视。

（5）动作笨拙，四肢灵活性差。如写字不是用力过度、划破纸张，就是过轻、分辨线条困难，玩玩具时因用力不当而损坏。

（6）身体概念差。无法高效运用身体，因此挫折感多，缺乏自信，易消极退缩，发脾气。

四、身体协调运用和本体觉之间的关系

（1）本体觉能够建立身体概念。身体概念即中枢神经系统对身体各个部位有一定的认识，如嘴巴在哪里，它是做什么的？手在哪里，它是做什么的等。身体概念的建立有助于人体更加

熟练、稳定、高效地运用肢体。

（2）本体感促进动作计划的发展，使身体运用更协调。本体觉的发展有助于大脑中神经元对身体运用模式的建立，在动作发生之前能更好地对身体各个部位的能力进行综合考量，从而制定出身体运作的流程和方式，产生动作计划。有了动作计划，身体就不会出现手忙脚乱的情况，运用也会更加协调顺畅。

五、本体觉如何起到镇静和抑制的作用?

在本体觉的传导路径中有和先进触觉系统重叠的路径，所有本体觉同样具有先进触觉系统的一部分功能。本体觉会将接收到的信息传递到边缘系统，通过对本体觉的刺激可以帮助儿童平复情绪，当儿童的情绪比较亢奋或者低落的时候，给予儿童本体觉刺激可以实现平复情绪的目的。本体觉对情绪的调整不像触觉系统无限制地下调，无论是降低情绪，还是提升情绪，在调节到一定程度的时候都会停止，这就是本体觉对情绪调节的“归零”效果。同时，本体觉的刺激还能够激活副交感神经、抑制交感神经，对副交感神经刺激则能够促进肠胃蠕动，促进瞳孔收缩，减缓血液流动，减缓呼吸频率，使人趋于安静状态。

六、姿势维持与控制和本体觉之间的关系

本体觉接收器可以不断地接收来自身体各部位的感觉信息，

能感受到躯体的状态、位移速度并对空间运动姿势进行校准，能感知肌肉张力，调节四肢活动力度，控制关节位置等。当我们做出一个姿势的时候，需要身体各部位的肌肉共同协作，才能维持这个姿势的稳定，在这个过程中本体觉对肌肉变化的感知信息尤为重要，中枢神经系统借此才能准确掌控肌肉的变化，进而更好地协调肌肉的共济收缩，完成对姿势的维持。

七、读书写字和本体觉之间的关系

本体觉可以给我们提供身体、头和四肢等位置和方向的信息，掌管着躯体和头部的协调，维持姿势的稳定，而在阅读和书写过程中，首先要保持坐姿的稳定，坐姿不端正，儿童就会出现东倒西歪的情况，本体觉不得不频繁调动姿势变换，就会分散大脑精力到调整姿势动作方面，儿童专注力就会受到影响，进而影响阅读和书写的效率。

另一方面在阅读和书写过程中，都需要手部精细动作的运用，如翻书、握笔写字等，尤其是在握笔书写时，需要我们大臂力量的支撑和精细动作的运用去控笔，根据本体的感受做力度的把控，给予大脑反馈，写字力度是大了还是小了，以便于大脑及时对写字这个动作做修正。包括阅读翻书过程中，一次翻一页，完成翻页的动作等，都需要五指协调运用，而所有肌肉产生的力量、关节位置的变换等都依赖于本体觉。

八、体弱无力的孩子，如何进行本体觉训练？

儿童体弱无力，先从基础的8大姿势开始练起：

第一抬头：儿童俯趴在地面上，双腿自然并拢，腹部及以下部位着地，手臂分开与肩同宽，双肘弯曲90度，头部抬起尽力向上看，上臂和头颈保持直线，10秒钟为一组，练习3~5组。

第二翻身：儿童仰躺在地垫上，双手五指交叉放于脑后，呈抱头状，双腿并拢伸直，用力向一侧进行翻滚，翻滚过程中是头引颈，颈引肩，肩部进行双侧的协调运作带动躯干做出翻滚的动作，左右5个为1组，练习2~3组。

第三坐立：儿童坐姿训练，准备独脚凳教具，儿童坐于独脚凳上，双脚并齐，背挺直，双手放于膝盖上，保持坐姿不摔倒，持续10~15分钟。

第四爬行：4岁之前练习手膝爬行，双手和双膝支撑在地面上，头尽量向上抬，双手和膝盖交替进行爬行；4岁之后练习手脚爬行，双手和双脚支撑在地面上，头尽量向上抬，臀部抬起，双手和双脚交替进行爬行，练习10~15分钟。

第五站立：准备一个扁标桶，儿童双脚站于扁标桶上保持姿势不动，15~20秒为1组，练习5~8组。

第六行走：在地面给儿童画一条2米长的直线，儿童沿着直线向前行走，尽量脚尖对脚跟，练习10~15分钟。

第七跑：家长可带儿童每天户外跑步最少20分钟，也可在室内进行折返跑练习，以两边的墙为界，从一端跑到终点，再从终点跑回起点，依次折返，练习 10 ~ 15 分钟。

第八跳：准备一块空地，6 岁之前儿童双脚跳跃，双脚并齐，双手在身体两侧自然摆动，连续向前进行跳跃；6 岁之后单脚支撑进行跳跃，左右脚交替支撑，5 分钟为 1 组，练习 2 ~ 3 组。

九、为什么要训练核心肌肉？

核心肌肉群的稳定性会为四肢发力建立起一个支点，身体运动时有了支点就可以随时保证上下肢力量能得到传递。核心肌肉群的主要作用是控制人体重心、稳定人体中心部位。重心稳定了，上下肢的力量传递才有效，才能避免能量发生不必要的传递损耗。大家可以想象一下，当你在光滑的冰面上快要滑倒时，你会用尽全身力气，不停地手也动、脚也蹬，想保持稳定，因为此时你身体没有支撑点，没有发力点了。训练核心肌肉群的目的，就是保证在运动和使用身体的时候加固稳定躯干，也可以把来自各个方向的力量有效传递到目标方向。

第七章　感觉统合——视觉系统

【人类80%以上的学习都依靠视觉系统，视觉是相对比较重要的感觉系统，如果视觉系统发展不足，就会引发儿童注意力、学习力等高级功能的障碍。因此，作为家长，要学习视觉是什么、视觉失调的表现、视觉系统的功能，做到早期预防儿童视觉失调，防止影响儿童注意力和学习力的情况出现。】

一、视觉不仅仅看得见，要看得懂

看得见只是视觉最基本、最浅表的功能，视觉还要把看得见的视觉信息顺利传递到大脑并在大脑中实现正确的认识和解读，如看到桌面上摆放有物品，你要能知道这个物品是书，书的颜色，书的大小，甚至知道这是爸爸的书还是儿童的书等，对视觉看到的物体赋予意义，形成视知觉。不仅看得见还能看得懂，这才是真正完整的视觉处理功能。随着孩子年龄增长，身体的功能也会越来越成熟，逐渐能够在大脑中把视觉接收到的信息与来自其他感觉系统（如前庭觉、触觉、听觉等）的信息输入进行整合处理，进而发展起精进的视知觉。

视知觉包括分辨颜色、轮廓、形状、空间大小、方向和深度、视觉和身体运用的协调性，如打篮球时身体、手和眼睛的配合、视觉记忆、眼球运动、小范围视觉扫视和追踪再到大范围的视觉观察和运用。如果孩子的视知觉功能发展不良的话，他在生活学习的很多方面都会受到影响。

二、视觉系统需要训练的能力

（1）视觉广度训练。是指眼睛直视前方所能看到的范围。视觉广度越大的儿童，视觉接收的效率会更高，读起书来可以一目十行。

（2）视觉聚焦训练。当物体出现在眼前的时候，要求视觉能够快速注意到。如果这个物体很重要，需要我们持续关注，我们必须能够持续聚焦。如果不需要可以很快转移开，去关注其他物体，要有快速关注、持续关注、选择性关注、随时切换专注力的能力。

（3）视觉追踪训练。要求眼睛有可以追随目标物的能力，一方面是身体保持稳定不动的状态，依靠头部和眼睛的移动来追随物体；另一方面就是身体和头部同时移动，也能保持对移动或静态物体的追视能力。家长可以在家里通过抛接球等游戏，来提升儿童的视觉追踪能力。

（4）视觉记忆训练。表面意思就是能够把看到的事物看懂并且存储记忆起来。但是视觉记忆需要和以往的经验建立联系，也需要能够对输入的视觉信息进行分类、整理，形成记忆能力。

（5）视觉想象训练。视觉想象就是我们看到一个场景就可以想到相关联的场景，而且能够把想象的场景丰富起来。视觉想象力越强大，儿童大脑的运用越灵活。

（6）视觉分辨训练。把看到的物体颜色、形状、大小、质地等属性通过视觉可以清晰判断。

三、视觉系统和前庭系统之间的关系

前庭神经核接收多个系统信息，与多个系统协同运作，前庭核接收的信息上行会传输到眼球运动核，用于眼球控制神经核。脑神经中有 3 对是与眼球运动控制有关的，它们是 3 号、4 号和 6 号脑神经。前庭系统与眼球运动系统协同工作，共同来控制眼球的运动，当头部移动的时候，前庭眼球的反射就用来维持稳定视野，让我们保持聚焦。眼球运动的准确性和协调性都是由前庭系统调节。前庭功能失调，儿童可能会出现眼神不

对视、目光呆滞、读书错行漏字、偏旁部首写反、眼睛经常左顾右盼、稳定性差等情况。

四、注意力和视觉系统的关系

注意力的发展受多个系统影响，要想保持较好的注意力，儿童整个身体、大脑思维、视觉、听觉都需要相互协调配合处理信息，其中视觉对儿童注意力的影响比较大，视觉在哪里，儿童关注点就在哪里，若视觉都不去看，那么儿童注意力的点也不会放在该注意的地方。同时，视觉是躯体运用的基础，视觉的区辨会影响大脑从复杂的背景中提取主体信息的能力，视觉辨识不足，儿童大脑就无法在多种感觉交织的环境中提取主要的信息，进而也会影响到孩子的注意力。

五、儿童为什么会出现斜视？

儿童出现斜视的原因，从感觉统合的角度分析有以下两点：

（1）和前庭系统有关。前庭系统与眼球运动系统协同工作，共同控制眼球的运动，当头部移动的时候，前庭眼球的反射就用来维持稳定视野，让眼球保持聚焦，若前庭系统发展不足，对动眼神经调控不良，儿童眼球不稳定，无法聚焦在一个点上，就会出现斜视情况。

（2）和颈部力量不足有关。颈部稳定是为了保持头部稳定，而头部稳定是为了让我们的视觉稳定。若儿童颈部力量不足，头部不稳定，就会出现颈部倾斜，歪头的情况，头部不在中线的位置，儿童看事物时眼球自然也会出现倾斜。可以通过前庭方面的训练来帮助儿童改善斜视的状况，比如前滚翻、荡秋千、蹦床、转椅旋转等，也可以侧重于颈部力量的练习，如俯趴在地面上练习抬头或爬行等。

六、儿童为什么会出现晃手？

儿童出现晃手，常见的情况有两种：

第一种，边晃手边用眼睛去看，并伴随有好动，喜欢看旋转的物品，如车轮、风扇等。这种情况就要多加强前庭训练，他在进行前庭寻求。前庭系统是近端感受器，其中一个功能就是侦测自己所处的空间位置，视觉是远端系统，主要负责侦测远端空间，它俩同属于空间代码，前庭系统发展不足视觉就会被征用，儿童就会频繁地寻找视觉方面的刺激，如不停晃动手部，眼睛盯着晃动的手看等。

第二种，频繁晃手，但不会放在眼前去盯着看，无意识的手就在身体两侧晃动，这种情况就是在进行本体感觉刺激的寻求。本体感就相当于身体地图，眼睛不看也知道自己身体的每个部位及功能概念，当儿童前期被限制过多，身体运用经验不足，就不利于身体概念的形成，后期就会频繁调动不该使用的肢体部位，晃手也是在进行手部运用的寻求。针对这种情况，家长可以多给儿童手部进行触觉方面的挤压揉搓或准备一些五谷，儿童手部放于五谷内进行主动揉搓；其次要让儿童多做一些手部运用方面的力气活，如提重物、拉物品等。但无论是第一种还是第二种情况，前庭方面的训练都必须要进行，前庭抑制能力不足的儿童对自我身体的控制能力也会受到影响，如会出现兴奋、疯跑、好动等表现。

七、眼神不对视的原因是什么?

【眼神接触是人类情感交流的重要方式，我们经常说：眼睛是心灵的窗户，眼神如果不交流，我们就很难建立沟通的情感连接，眼神对视也是亲子关系、依附关系和情感认知能力构建的重要方式。眼神对视是帮助我们理解他人的意图和情感的关键动作，通过眼神交流我们可以推测他人的动机和内心活动，这是人类最有力和丰富的社交活动之一。】

为什么感统失调的儿童，眼神对视能力比较差呢?

1. 边缘系统过度唤醒

当我们进行眼神对视的时候，大脑负责处理情感的边缘系统会过度唤醒。这种过度唤醒让感统失调的儿童产生不适应的感觉，内心出现焦虑和紧张，导致儿童不敢去看。同时和触觉系统也有关，对外界接收的感觉刺激信息过于敏感，反应过大，原始触觉防御系统过于强大，缺乏安全感，也不敢与人对视。

2. 大脑处于原始脑处理区

感统失调的儿童大脑处理信息的能力不佳，当觉醒度很低的时候，可能会处在大脑低级功能区，对外界信息的处理能力也会降低，对面部、眼睛的信息处理兴趣度也会不高。这意味着大脑高级功能不成熟，对一些行为的奖励减弱，信息处理减弱，高级功能区唤醒减弱，这时的大脑处于原始脑处理区。

3. 感觉刺激不足，唤醒能力不足

人类的眼神是可以表达一些情感、内心活动等信息的，而这些信息的表达来自大脑的高级功能，如果高级功能唤醒度比较低，就无法支持眼神的表达。

4. 前庭眼反射不足，无法稳定眼球

眼球的稳定是通过前庭眼反射实现的，如果前庭功能不足，就无法抑制住眼球的运动，儿童想对视，想进行视觉交流，但是眼球无法稳定住，导致无法交流。前庭颈部反射是为了稳定头部，头部不稳定，眼球也无法稳定。换句话说，前庭系统通过神经调控着眼球的动眼肌群，若前庭系统发展不足就无法高效、准确、快速地控制动眼肌群的运用，就会影响眼球的稳定、追踪、内聚外散、定点等运用，而对视能力最基础的就是要保证眼球稳定、平顺追踪。如在交流中，我们保持眼球稳定地看着对面人的脸庞，当对面的人出现位置变换时，我们的眼睛也能跟随移动，这样才能保证两人一直是面对面交流的状态，这个过程就用到眼球稳定和追踪的能力。

八、眼神呆滞，是什么原因?

儿童眼睛呆滞无神，可能还伴随有行为举止低迷不振的状况，反应也慢，行动也慢，松松散散的感觉，不与外界交流和互动，习惯于安安静静地独处或者存在无目的、无意义的兴奋跑。出现类似情况的原因有以下几点：

（1）和儿童觉醒度过低有关。感觉刺激是大脑生长发育重要的营养和食物，若儿童前期生活环境单一，如视觉看到的、听觉听到的、触觉感受到的、身体直接接触到的感觉刺激不足，就会使大脑神经激活度下降，中枢神经系统功能不强，那么儿童外在表现就会特别低迷，就像人大脑精力不足的时候，昏昏欲睡的感觉，所以儿童眼神及面部表情都会表现得比较木讷。

（2）受前庭系统的影响，前庭系统发展不足，对外部所有感觉信息的上行传导就会存在异常，造成大脑对外界信息解读不全面、不准确，效率低下，解读不了，不明白等，儿童就无法与外界环境产生适宜的互动，外在表现就是眼神呆滞，不知道要做什么。

九、什么是视觉空间感？

视觉空间感就是指我们通过视觉系统感知和理解周围环境的空间布局、物体位置、形状、大小、深度以及人、事、物之间相互关系的能力。我们身体的所有动作都要和空间发生关系，而视觉空间感不成熟的孩子，往往会因为掌握不好自身和环境中人、事物的相对距离、方向和位置，容易有眩晕的感觉而摔跤，如上下楼梯的时候容易踩空或被障碍物绊倒而摔跤，同时因无法识别身体和空间的关系，个体在空间的运动就会出现障碍，不知该向哪个方向移动，个体和环境互动就很困难。

十、读书错行、漏字，是孩子马虎吗？

孩子读书总是错行漏字，不仅仅是因为马虎而导致的，还和孩子视觉空间及前庭系统有关，前庭系统通过神经调控着眼球的动眼肌群，影响着眼球的稳定、追踪、内聚外散等眼球的运用。而在阅读时，眼球就需要稳定在书本内容上，不能左顾右盼，阅读中还需要视觉平顺追踪、视觉跳视的能力，能从第一个字跳转到第二个字，第三个字，能平顺追踪，如果视觉发展不稳定就会影响视觉对远端信息精准的判断力，也会影响视觉空间的发展。视觉空间感发展不良的孩子会出现写字张冠李戴、左右颠倒、笔画顺序错乱，阅读常跳行跳字等情况，另外对形状辨认有困难，画不好图画，外出也会经常迷路，考试总在不该失分的地方失分等。很多家长都觉得这是孩子不够认真、粗心大意造成的，甚至有的家长为此对孩子进行批评或者惩罚，但其实这些都不是他们所能控制的，一切都是儿童视觉运用能力不足造成的，可以通过视觉运用的锻炼，如描线、串珠、球类训练，再结合前庭方面的翻滚、蹦床、俯冲滑车等训练进行改善。

十一、涂画、剪纸、描线等精细动作做不来，是视觉问题吗？

儿童对于涂画、剪纸、描线等精细动作做不来和视觉有关系，但并不是完全有关，还和他的本体感和触觉有关。

通过视觉我们可以看清外界物体，获得物体是什么颜色，什么形状，是动态还是静态的，是大的还是小的等信息，准确掌握这些信息有利于身体运用。本体感能感受到使用物品时力度的拿捏和动作修正。触觉能感受到物品的边界、形状和质地。这三个感觉共同配合起来，儿童才能更好地完成描线、剪纸、涂画这样的精细动作。举个例子，儿童进行描线，当笔拿在手中时，本体感能感受这支笔的重力，身体自然而然做出我要使多大的力才能握住这支笔的反应；触觉感受到笔的边界、形状和粗细，做出要怎么更好去把控的反应；视觉看远端的图形、描线的内容，做出如何指挥手及运作方位的反应。这样我们描线才不会出格，才能力度适当准确地描在这个线上。

因此，儿童涂画、剪纸、描线等精细动作做不来不单单是视觉的问题，还与触觉、本体觉有关。

十二、方向感差、分不清左右，是视觉问题吗？

儿童总是容易迷失方向、方向感差、分不清左右，不仅受视觉的影响，还和前庭系统有关。

（1）受视觉空间知觉的影响：儿童的视觉空间知觉能力是随着年龄增长逐渐发展的，包括对物体大小、形状、远近及方位的感知。在早期发展阶段，儿童可能尚未完全掌握空间关系，包括左右的概念，还不能准确区分左右或确定方向，但随着年龄的增长，视觉记忆能力也在逐渐增强，视觉记忆的空间布局、路线和方向等信息支持儿童能准确回忆和应用，久而久之对上下、左右空间方位就逐步掌握，并了解其概念。

（2）受前庭系统发展影响：前庭系统随时随地告诉我们头部和身体的方向，同时还要和视觉系统结合，前庭接收到的和视觉看到的要一致，以便帮助我们更好地理解自己在空间中的位置和方向。这样大脑就可以去指挥身体做很多动作，若前庭系统功能失调，就类似在茫茫大海上失去了方向，直接影响儿童对空间的感知，导致方向感差，难以在新环境中找到方向或分清左右，甚至还会造成儿童写字的时候出现偏旁部首写反、阅读困难，还有些儿童，从平面到立体空间转换也会很困难。

十三、视觉系统如何训练，应遵循什么原则？

常见的视觉训练内容有以下几方面：

（1）视觉广度训练：扩大儿童视觉空间，多向远处眺望。

（2）视觉聚焦训练：在儿童面前放置一个目标物，引导儿童能持续、快速关注到这个物品。练习中家长也可移动目标物位置，引导儿童能快速跟踪、持续关注。

（3）视觉追踪训练：多做球类的训练项目。

（4）视觉记忆训练：如消失的积木，让儿童观看10秒左右时间，家长遮挡儿童的视线，藏起来一块，询问儿童哪块积木不见了。

（5）视觉想象训练：物品与物品匹配，如看到三角形引导儿童想象生活中还有哪些物品形状是三角形，或者让儿童看图片搭积木。

（6）视觉分辨训练：摆放一些物品，引导儿童分辨物品的大小、颜色、属性等。

家长或老师带领儿童做视觉训练时应遵循循序渐进的原则，对于视觉运用不足的儿童，先从基本的眼球运动、聚焦开始进行，再过度到更复杂的视觉运用，如球类、卡片类、空间判断类活动，同时注重时间上的合理安排，避免儿童眼睛疲劳，最重要的一点是结合前庭系统训练原则，前庭系统调控着动眼神经，也会影响着儿童视觉的运用。

第八章　感觉统合——听觉系统

【听觉系统对于儿童的能力发展非常重要，因为它不仅影响儿童的语言和沟通能力，还与注意力、记忆力、社会交往等多个方面紧密相关。因此，作为家长以及教师，要学习什么是听觉系统，听觉系统的功能以及听觉失调的表现，这些专业内容的学习可以帮助儿童避开听觉失调的误区。】

一、听觉不仅仅是听见，而且要回应

听觉系统的功能不仅是让我们能够听到外界的所有声音，还要听得懂，要回应。为什么要有回应？主要是因为当我们接收到听觉的信息并传递给大脑，大脑感知以后进行解读，随后形成指令并做出相应的反馈，这个过程就是神经回路的建立。

比如喊一个小宝宝的名字，首先他的大脑得到了指令，会通过指挥神经体系做出相应动作或语言回馈，也就是控制和语言或运动相关的肌肉进行相应的输出，神经回路在这个过程中就建立起来了，这样神经网络连接会越来越丰富，大脑的机能也会越来越强。

孩子出生后，他的大脑会把从耳朵传来的听觉讯息进行一次又一次的学习，并结合其他感觉系统所提供的感觉信息，逐渐发展起越来越精确的理解能力。也就是说，听觉不只要求听得见，还要听得懂，特别是听觉理解力对于孩子的语言表达影响极为深远。如果孩子的听觉系统运作不正常，或与其他感觉系统，如视觉、前庭配合不良，就会造成听觉统合功能不良，孩子就很容易出现一些失调行为，像听而不见、闻而不动、听到写不出或听写比较慢、语言发育迟缓、注意力不集中、情绪不易控制等问题。

二、听觉系统需要训练的能力

【听觉系统帮助我们对外部环境中的声音进行接收与处理，并在大脑部位形成知觉，与外部环境中的人、事、物产生连接。换句话说，首先我要能够听到声音，并且能够听得懂，才能适应当下社会生活环境。】

针对儿童听觉能力的发展，可以侧重从以下几方面进行训练：

（1）听觉注意能力。是指儿童在环境中有选择地关注某个特定的声音，同时忽略干扰声音的能力。儿童的交流沟通、课业学习、问答对话都需要听觉注意力，如果听觉注意力不集中就会影响学习。

（2）听觉辨别能力。听觉辨别能力是指对不同声音之间的差异辨别的能力。比如家长早期可以让幼儿辨别不同的声音，可以找一些狗、猫咪、老虎等动物的声音让儿童辨识。

（3）听觉记忆能力。就是指储存和记忆所听到的声音信息的能力。如写一组数字：35896、9983762、7764938，让儿童重复读出这些数字。

（4）听觉理解能力。指的是儿童对听觉信息的解读能力，简单讲就是听懂别人说的话。家长在日常生活中，一定要在早期用指令来指挥儿童进行一些简单的家务活动，如打扫卫生、擦擦洗洗、搬运物品等力所能及的事，因为在做这些指令性活动的时候，就是对听觉理解能力最好的训练。

（5）听觉编序能力。把别人表述的内容，按这个前后顺序依次回忆起来，这项能力必须以听觉和听觉理解能力为基础。听觉编序能力好的孩子，有助于其认知学习。

（6）听动统合能力。把听到的内容表达出来、做出来。能听懂别人的话，并做出正确且复杂的语言反应和身体反应的能力，这一能力是非常重要的，在日常生活中，家长要多和儿童沟通，尤其是婴幼儿期就要开始训练这方面的能力。

三、听觉系统和前庭系统之间的关系

前庭感受器在内耳中，包含耳石器和3对半规管，前庭系统和听觉系统两者的神经接受器都在我们内耳部位，因此听觉系统与前庭系统是最亲密的好邻居。

听觉接收的信息要经过前庭系统进行整合，听觉接受器接受声波的刺激，然后把这些感觉刺激传送至脑干部位的前庭系统，在这里，这些信息又会与来自前庭觉、肌肉关节的运动觉和触觉等信息进行整合，最终经过整合的信息才会被送至大脑的听觉中枢，并和视觉中枢交换信息，以辨认听觉信息的性质。若前庭过滤、处理功能不良，导致听觉信息无法正确顺利地被传入大脑听觉中枢，就会造成脑部统合听觉信息的功能出现障碍，很多孩子常常对大人的话充耳不闻（排除器质性的病变听力障碍），或者听到了又好像没听懂，其实都与脑部统合功能障碍有关。

四、听而不见，指令不回馈，是没听见吗?

明明听见了就是不做回馈，听见了像没听见一样，这种情

况就属于听觉系统比较迟钝，并非听力有问题，而是对很多声音讯息不敏感，不能及时将必要的听觉讯息传入大脑，或者前庭系统存在障碍不能将听觉讯息传入大脑，而前庭是大脑的门户，是信息的初级组织加工者，一旦前庭失调，儿童就很容易出现听而不见、闻而不动，反应比较迟钝的失调现象。

五、什么是听觉注意，如何训练？

听觉注意就是指人的听觉专注力。儿童的交流沟通、课业学习、问答对话都需要听觉注意力，如果听觉注意力不集中就会影响学习。家长可以通过以下这两个有趣的活动，锻炼孩子的听觉注意力：

（1）给儿童讲故事，结束后根据故事内容提问，让儿童说出听到过几次某个人的名字。为了增加难度，家长也可以故意播放一些背景音乐，训练孩子仔细聆听主体声音的能力。

（2）听觉统合练习。家长用数字1、2、3、4分别代表4种不同的动作，比如1代表拍手、2代表蹲下、3代表跳跃、4代表转圈等，然后家长打乱顺序说出数字，孩子快速反应做出对应的动作。

六、注意力和听觉系统的关系

听觉和注意力的关系非常密切，两者互相作用，共同影响着个体对信息处理和反馈的能力，下面是注意力和听觉系统关系之间的几个关键点：

（1）听觉辅助儿童进行选择性的注意。听觉有抑制背景声音的功能，能够在嘈杂的环境中，过滤掉无关紧要的声音，专注于听取主体重要的信息，使注意力维持在重要信息方面。

（2）听觉辅助儿童维持较长的注意力。听觉是维持注意力的关键，听觉能够准确地听取指令内容，并快速做出处理，大脑要时刻对听觉输入的信息做处理，没有“开小差”的机会。就类似于儿童在上课中，只有对老师授课的内容完全听懂，儿童才会在此内容上持续维持听觉注意力。反之，如果是一个纯英文的外教老师进行授课，而你又完全不懂英文，听起来费力，大脑处理信息也费力，进而大脑慢慢就会产生逃避的行为，开始分心或者发呆走神了。

（3）听觉分配注意力。当同一时间有多个信息输入时，听觉能辅助个体在不同的听觉信息中切换，以便实现多任务处理。

（4）良好的注意力有助于听觉记忆的发展。听觉信息的编码和回忆依赖于注意力状态的好坏。注意力集中时，听觉信息更容易被存储在短时记忆中，进而转换到长时记忆。比如让儿童复述数字，儿童只有保持好的注意力状态，才能通过听觉对听到的数字编码并进行短期储存。等到家长说完，儿童立刻完成复述，通过持续地复述，即便后面家长不再重复，儿童也能将数字说出，这就是把短时记忆转换到了长时记忆，将这个经验储存在了大脑中。

总之，听觉与注意力之间相互作用。良好的听觉能力是维持高效注意力的基础，而良好的注意力状态又能促进听觉对信息的处理和理解。

七、什么是听觉空间感?

听觉空间感是指个体通过听觉系统感知声音来源方位、与所发出声音之间的距离以及声音在三维空间中分布的能力。听觉空间感知方位是360度，无论从任何角度、方位传出的声音，在可接受的范围内，听觉系统都能判断出声音来源的方向，它是人类在自然环境中定位声源、理解周围环境布局以及在社会互动中识别声源位置的重要感官功能。

八、听觉系统和学习之间的关系

听觉与学习之间的关系极为密切，听觉能力对儿童学习的过程和认知的结果有着直接且深远的影响。以下4点即是听觉系统和学习之间的关系：

（1）听觉影响着语言的发展。语言是学习认知、社会交流的基础。只有听得到才能说得出，儿童前期语言的发展也是基于人类对语音良好的辨识和感知，才能发出正确的语音。儿童语言的发展也是从识别单个音到字、到词、再到句子，这个过程不但是儿童语言发展的过程，也是认知学习发展的过程。听觉系统不足会影响到语言的发展，而语言存在障碍的儿童无法运用语言进行社交学习，进而也会影响到学习能力的发展。

（2）听觉是信息接收和理解的重要通道。听得见才能听得懂，听得懂才能学得会，才会具有学习的能力。在学习过程中，儿童无论是听课，还是和同伴讨论问题，还是假期观看教学视频，听觉都是接收信息的重要通道。听觉的理解能力，能使儿童捕捉到老师讲课的重点及细节，使儿童对知识掌握更详细和全面。

（3）听觉影响着注意力的发展。听觉具有抑制背景声音的作用，能够有效筛选重要的听觉信息，抑制干扰音，有助于儿童维持学习时的注意力。

（4）听觉记忆影响着知识的储备。听觉记忆能帮助儿童在没有视觉辅助的情况下，仅凭听觉信息就能储存和记忆知识点，提高学习效率。

九、学不会、记不住，是听力不好吗？

学不会、记不住、听不全和听力有关吗？答案是肯定的，但学习认知是一个复杂的过程，不仅仅是受听力的影响，还和以下因素有关：

（1）注意力问题：注意力是保证学习效率的基础，注意力不集中的儿童上课容易分心，很难学会或记住老师教的内容。

（2）视觉运用不足：听觉和视觉是学习的两大感官，阅读、书写、对物体的理解等都需要视觉进行转换，若儿童视觉不稳定，视觉对外界信息的分辨能力也会受到影响，辨识不足就会形成理解上的障碍，进而也会影响儿童运用视觉进行学习的效率。

（3）感觉统合存在障碍：感觉统合就是大脑通过对各种感觉系统接收到的信息进行加工、处理、精进、抑制、组织、统合的过程，若儿童各个感受器发展存在障碍，就会影响各感受器向上传递信息的全面性和准确性，进而影响大脑中枢处理信息的能力，儿童大脑中枢处理速度慢或处理存在问题，就会影响儿童的学习能力。

（4）缺乏学习的动机和兴趣：兴趣是儿童学习的内在动力，若家长未注重培养儿童的学习习惯，缺乏学习兴趣或动力，自然不能记住学过的内容。

（5）情绪较大，很难控制：受家庭环境或触觉调节影响，造成儿童对外界感觉信息反应过大，就会容易引起情绪上的波动，状态不稳定，心理存在压力感，学习的效率自然会降低。

（6）受睡眠和健康影响：充足的睡眠和良好的身体体魄是儿童保持绝佳学习状态的基础，睡眠不足或身体不适也会严重影响儿童的学习能力。

十、听觉训练的方法和注意事项

（1）多让婴儿聆听生活中的声音，如流水声、电话声、开关门声、刷碗的声音、餐具碰撞的声音、风声、雨声、汽车声、火车声等，这些生活中的声音对促进儿童听觉能力发展非常有帮助。但要注意，在婴儿时期，要远离特别嘈杂或声音响度特别大的环境。

（2）学龄前儿童日常多进行听力训练，如聆听喇叭的声音、发音盒、电动玩具的声音、各种动物的叫声、一些简单的儿歌、敲打的声音等。家长也可以多播放舒缓的音乐，哼唱一些有节奏的歌曲，去刺激孩子的听觉系统，促进其听觉发育。但在聆听声音的过程中要注意，玩具音量不要过大，音响设备距离儿童建议保持至少 1 米以上的距离，每天听音乐的时间不宜过长，总时长建议控制在 1 ~2 小时之内，每次连续听音乐不超过 30 分钟，防止引发听力疲劳。

第九章　感觉统合——专业名词解析

【我在日常接触感统失调儿童的过程中发现，很多家长以及一线的感统训练师，对一些感觉统合专业术语了解程度不高，可能会影响其专业的学习，进而影响对儿童开展的感觉统合训练，因此家长及教师务必学习下面的专业内容。】

一、感觉输入

人类的大脑每天都在被输入各种感觉刺激，有视觉、听觉、嗅觉、味觉、触觉、前庭觉、本体觉等。这些输入的感觉刺激以电流的方式带着能量输入大脑，用以活化大脑的神经元，正如人饿了需要吃饭，大脑发育也需要营养，多元化的感觉刺激是大脑必不可少的营养。

举个例子：如果我们长时间在一个封闭而狭小的空间环境中生活，就会显得无精打采，身体和大脑反应速度会变慢，容易出现烦躁不安、焦虑、少言寡语等现象，慢慢地就不喜欢人多的地方，不习惯和更多的人相处。这正是因外界环境输入的感觉刺激单一，感觉营养不充沛，导致大脑神经激活度下降，外在行为就出现了障碍。

二、感觉注册

感觉注册是指感觉信息在进入大脑之前，能否引起大脑的注意。前庭是大脑的门槛，它对信息的处理有一个重要原则：信息是否安全。如果安全，就可以传递给大脑进行处理；如果不安全，就要向下传递到肌肉部分进行逃避或者防御。也就是说，能进入大脑的信息首先要是安全的，只有安全的信息才能进入大脑，才能引起大脑的注意。

信息进入大脑，并且成功引起大脑的注意还需要以下 3 个要素：

（1）大脑资源是充足的。大脑资源是大脑对信息处理的根本，这是由于信息处理的过程需要消耗能量。

（2）要有良好的精神状态。精神状态决定着大脑的智能性，只有大脑的智能性发展良好，才能对进入大脑的信息进行选择性地注册。

（3）丰富的经历。只有经历足够丰富，才能使大脑对信息的属性有一个初步了解，积累感觉处理的经验，进而对信息完成智能性的注册。

三、感觉调节

大脑对成功注册信息的属性、质量、强度、种类会进行分析、整理。首先，当信息太强大的时候，大脑会把它调小以适应自身的需求。反之，当信息太小的时候，大脑又会把它适当调大。其次，大脑对信息的来源、属性进行分析之后，会分配给不同的功能区进行处理，这就是感觉调节的过程。

总的来说感觉调节的功能有以下几点：

（1）感觉调节的过程是信息进入大脑的最后一道门槛，也是大脑对信息进行主动处理的第一个步骤。

（2）感觉调节是大脑对信息强度、信息走向的一个处理过程。

（3）感觉调节决定着信息走向以及处理结果，这个调节过程直接影响信息最终结果的显示，也就是行为的处理方式。在这个过程中，大脑中的神经系统要有足够的能量来维系信息的处理与辨识。

四、感觉区辨

感觉区辨指的是大脑对各个系统所接收到的感觉信息进行

辨识的能力。触觉、前庭觉、本体觉、视觉、听觉等各种感觉信息在进行传递的时候，如果各感受器没有被激活，大脑就没有办法对外界的刺激信息进行区辨。如触觉感受器没有被激活，就无法区辨出外界所传递的冷、热、痛、痒、轻触、震动、压力等感觉信息。感觉区辨存在障碍就会导致中枢神经所接收到的信息存在错误，进而影响接下来的身体反应。举个例子：当小朋友在一起玩耍，两个人不小心出现碰撞，触觉感受器传递给孩子的感觉是痛觉，视觉感受器传递给孩子的感觉信息是对当下环境的侦测，他们大脑会对触觉感受器传递的感觉信息，视觉感受器传递的感觉信息做整合和处理，进行正确的感觉区辨，对方不是故意对自己产生伤害的，进而能稳定情绪继续玩耍。若区辨错误，一个或多个感受器传递信息错误，就会造成大脑接收到的信息也是错误的，感觉区辨错误，孩子就不能产生适切性的行为反应。

五、运用能力

运用能力是指个体可以按照自己的想法做出与环境匹配的新动作，大脑需要有动作概念和动作计划来组织新行为的能力。运用能力就是让我们做出的动作有意义，这就必须通过大脑皮质层来操控动作。首先，大脑要知道我们的身体准备做什么，要完成一个什么样的动作，紧接着要计划四肢、关节的位置和力量的控制，这就需要触觉、前庭觉、本体觉和视觉来参与统合。这样大脑才知道要做什么，知道如何去做。要做什么是动作目标，如何去做是动作计划，最后去实施，运用的技巧性和协调性才会表现出来。

六、感觉加工

【感觉加工就是指大脑对进入的信息进行解释并描述它的属性，对听到的、看到的、闻到的、品尝到的等各种进入大脑的感觉信息都要进行解读，并赋予意义。如在路边听到有人喊，要不要做回应，循着声音去望这个人认不认识，接下来要做出合适的反应。】

大脑对信息的解释加工是一个复杂的过程，要对已接收的信息与以往的信息进行对比之后调取记忆中以往的经验，并对多余的信息进行删减和抑制，选择性地去处理。通过一次次的体验，不断地总结归纳，把这些新的经验再次存储到大脑中，当下一次遇到类似的事情，比如遇到你的老朋友，大脑就会把以往存储归纳的信息调取出来，这样你俩才会有共同话题。经过交流再把信息继续提取，归纳存储，这种归纳统一的能力才能提高我们大脑处理信息的效率。而感觉统合失调儿童就会存在对信息处理、理解的障碍，因为输入的信息可能会被扭曲解释，或者被过度抑制、过度促进，这样就很难正确解释加工了。

七、觉醒度

觉醒度就是指我们神经阈值的高低，当神经阈值比较低时，稍有一点刺激就会拉升觉醒度，这类儿童一般表现为一整天都很兴奋，情绪反应也比较强烈，出现很嗨或者一直哭的现象，还会伴随容易分心、入睡困难等行为，原因就是大脑觉醒度过高。通俗一点理解就是太兴奋，类似喝了咖啡睡不着的感觉。

反之当神经阈值较高，觉醒度就会过低，因此需要高强度、高频率、高长度的感觉刺激才能引起感觉反应，这类儿童可能伴有行为举止低迷不振的状况，反应也慢，行动也慢，松松散散的感觉，不与外界交流和互动，习惯于安安静静地独处，更值得注意的是，觉醒度过低，儿童也会有异常疯跑、乱跑、爱动、尖叫、自残自虐、破坏性和攻击性行为的出现，这也是儿童企图通过这些行为拉升大脑的觉醒度。

八、感觉寻求

感觉寻求是因感觉刺激不足，个体为了维持最佳的刺激水平而主动寻求刺激的一种行为。感觉寻求一般表现为个体有很强的欲望，想要获得一个或者多个通道上的多种感觉输入，比如有的儿童喜欢自己原地转圈，有的喜欢看旋转的灯光，有的喜欢看马路上的车灯，有的喜欢大声尖叫，有的喜欢手在眼前晃动等。这是他们运用感觉寻求来调节觉醒度水平的一种方法，有可能是想要提高觉醒度水平，也有可能是想要降低觉醒度水平。感觉寻求是感觉调节障碍和运用障碍儿童都会有的行为。

感觉调节障碍的儿童，通过感觉寻求来调节他的觉醒度。如果觉醒度太高，就过于兴奋，无法睡觉，无法安静，我们就需要降低觉醒度，给儿童输入一些温和匀速、有规律的刺激。例如婴儿不睡觉，我们就会抱着婴儿匀速摇摆，慢慢即可入睡；有些孩子上课特别好动，就可以让他匀速转圈，输入温和的前庭刺激。

运用障碍的儿童可能是对本体觉和前庭觉的处理不足或者不好，所以他想要更多的本体觉和前庭觉输入刺激，这些儿童会故意做一些如敲打、投掷、抓、拽、撕扯等动作，通过这样的动作告诉大脑，自己的肢体在哪里，肢体在干什么，建立起大脑与身体的连接，以便于大脑掌控身体。

九、感觉防御

感觉防御就是指大脑对外界输入的刺激反应强烈。这类儿童的生活、学业和社交都让家长很操心，经常会出现什么都不敢、什么都害怕、什么都退缩、非常恐惧的状态，在家里和在熟人面前都很好，只要到陌生环境或新的环境，反应就会很强烈，造成家长苦不堪言。

此外，这类儿童通常特别害怕触觉刺激，不让你和他身体近距离接触，也不喜欢在人多的地方和密闭空间，这样会形成一个恶性循环，他们不能去更多环境探索和寻求刺激，只能在自己熟悉和安全的环境中寻求，长久下去就会影响社交，不喜欢和其他小朋友交流，上课也是爱哭闹、适应很长时间，喜欢找妈妈，经常闹情绪。

在实际训练中，针对这类儿童大多都会从触觉系统寻找解决方案，其实感觉调节障碍也是重要的根源之一，如果反应过度的儿童接收超过他们能够承载的刺激负荷，也会导致中枢神经系统停止运转，暂停处理和解读信息的功能，就类似电脑死机了，外在表现就是反应不足。在实际教学中我们还会发现，有些儿童既有反应不足，也有反应过度状况，两种状况会同时出现。

第十章　感觉统合评估要点

【有很多感统失调的儿童、发育迟缓的儿童、自闭症的儿童，在感觉与运动上存在障碍，也就是感觉统合障碍，在帮助这一类儿童的过程中，需要了解他们的感统能力，方便制定相应的训练方案及方向，缩短训练周期。下面是针对不同类型儿童的评估方法与技巧，让我们能够快速发现感觉统合失调，能够做到尽早、及时干预，让儿童远离感统失调的危害。】

一、为什么要做感觉统合评估？

【我们遇到高级功能存在障碍的儿童，比如儿童语言发育迟缓或者注意力不集中，一般都会建议系统进行一个完整的感觉统合评估，因为造成儿童高级功能

障碍的原因会非常多，我们需要通过评估找到问题的根源，这样我们才能够更容易地帮助儿童解决问题。】

（1）评估的作用不是给儿童扣帽子。现在有特别多的家长喜欢做评估，做的评估都是判断类的评估，什么是判断类评估？比如你带儿童去做了评估，这么多行为中，你占了有没有50%？有的话你就是ADHD，或者满足没有眼神、指令、社交就是ASD，这种评估就是把很多类似行为表现罗列出来，然后满足就给儿童扣上帽子，从改善儿童问题的角度来讲，这种评估是没有意义的。

（2）系统性感觉统合的评估是为训练做指导的。我们要整体分析儿童的能力，找到目前儿童出现问题的根源，然后确定训练方向。对于评估我们不能急于下结论，这个是语言发育迟缓，这个是智力发展障碍等，这是没有意义的。我们要通过测评发现根本原因，比如造成语言功能滞后的原因有很多，有口部运用能力不足、有呼吸系统、有前庭系统、有触觉系统、有姿势问题。通过分析我们可以重点确定方向，发现前庭系统是根源性问题，当我们把前庭系统的问题解决了，儿童其他的问题也都解决了。

（3）通过感觉统合评估，我们可以更好地了解儿童的能力水平，并帮助儿童获得内驱力。感统训练是要帮助儿童自我发展能力的提升，也就是当我们把核心问题解决了，儿童就能够自我发展，并能够回到正常的轨道上。

二、如何为儿童开展感觉统合评估？

【老岳讲感统团队在全国针对 2～12 岁的儿童开展感觉统合评估，通过线上和线下两种模式，总评估人数超过万人次，在这里把评估体系和步骤总结出来，以便老师或家长学习、了解。】

先收集与儿童相关的全面资料，生长发育情况，如抬头、翻身、爬行、站立、行走等月龄，生产方式（剖宫还是顺产）、成长环境、喂养史、核心带养人，有无疾病史，目前家长最担忧的是孩子哪方面的问题。

测评师根据家长反馈及目前孩子发育情况做初步判断，设计儿童可以参与的挑战项目。

对儿童的触觉、前庭、本体、视听转换、粗大动作、精细动作、双侧统合等进行全面的评估。

推断和假设，根据测评项目中儿童各项能力完成情况做推断，找到儿童问题根源，看哪些系统存在障碍，并排先后顺序。

与家长沟通确定训练目标，所有训练都离不开家长的配合，要告知家长每日在家需做的配合，明确方法和量以及后续训练中可能会遇到的一些情况。

设定训练计划，接下来对于儿童干预的方向，可以以周为单位，给儿童心理、身体及大脑一个接收和学习的过程。

对于训练计划实施和调整老师会定期做会员研讨，根据儿童近期状况做目标计划方案的微调。

评估的效果反馈及训练进展监督，每训练 3 个月可以再进行一次评估，根据儿童现有能力做方案的制定，确保符合儿童现阶段需求。

同时测评老师也要注意，评估过程中要以儿童主动参与为核心，要与儿童建立良好融洽的关系及轻松的氛围，确保儿童最大限度把自己的能力展现出来。

三、触觉评估观察的要点

【触觉是分布于全身最广的一个系统，也是发育最早成熟的系统，它是一个感觉通路，影响着其他系统的发展，同时它也是神经组织的营养，保持我们中枢神经体系的稳定，所以在所有系统的发展中，触觉是基础，若触觉存在问题，其他系统的发展都会受到影响。】

对于儿童触觉系统的评估，可以从以下几方面进行：

1. 触觉系统的反应

反应过度与反应不足。

2. 触觉区辨

触觉系统对形状、质地、大小、温度、湿度、粗糙、光滑、尖锐等要有很好的区辨。

3. 触觉定位

身体哪里被触碰到，以及身体触碰到哪里能否进行辨识。

4. 触知觉

触摸物品的辨识，通过触觉辨识已知物品，或者辨识刚看到的物品，对触摸到的物品进行描述。

5. 触觉和身体运用

在关闭掉视觉（类似盲人）时，也能很好地利用触觉展开身体的运动。

四、前庭系统评估观察的要点

【前庭系统是大脑初级信息的组织者和加工者，也就是我们经常提到的它是大脑的“门槛”，起到过滤筛选信息的作用，在所有系统中前庭系统是核心，它会影响着大脑接收信息的复杂度和精准度，同时前庭系统还会影响着视觉及听觉系统的发展，而这两大系统又是人类学习认知发展最重要的系统，所以前庭系统一旦存在问题，对儿童语言、社交、学习认知都会产生不同程度的影响。】

对儿童前庭系统的评估，可以从以下几方面进行：

①前庭眼反射：旋转后眼球震颤。②姿势维持和控制：核心肌肉群。③身体的平衡和稳定：抗重力肌肉群。④前庭系统的反应：反应不足，反应过度。⑤重力安全感：个体和地心引力的关系。⑥运动不耐受：厌恶动作。⑦空间感、方向感：身体在空间中的位置。

五、本体系统评估观察的要点

【本体觉是人体的肌肉、肌腱、关节等运动器官在不同的状态下所产生的感觉，可以给我们提供身体、头和四肢等位置和方向的信息，告诉我们动作的速度和时间信息、身体肌肉拉伸的长度、肌肉所产生的力量、关节的位置、身体移动的速度快慢。】

在日常生活、学习、工作中，无论是你的走姿、坐姿、蹲姿、卧姿，还是手部操作使用工具等，都有我们本体感的参与。检查儿童本体系统发展是否成熟，可以从以下几方面进行观察：

（1）力度拿捏不好，偶尔力度大，偶尔力度小。

（2）喜欢被深压，也喜欢挤来挤去寻找深层触压。

（3）喜欢吃一些耐嚼或者需要大力气才可以嚼碎的食物，但咀嚼得不充分。

（4）特别容易喊累，坐姿不端正，姿势维持不住。

（5）特别容易好动，不停地切换各种姿势，来缓解压力，保持注意力。

（6）在游戏或者活动时，经常身体无意识地受伤，磕碰或者擦伤比较多。

（7）看上去很强壮，但是肌肉却没有力气。

（8）为了保持姿势，经常用锁定关节的方式来维持姿势，如W型坐。

（9）特别喜欢倚靠、躺、卧或者久坐不动的姿势。

（10）在玩拼插游戏的时候，喜欢用蛮力。

（11）会通过过度拍打、撞击、拉扯等进行本体感寻求。

很多儿童表现很聪明，但在动手和最后动作实施方面却总是容易出错，这和本体概念及自身身体运用协调性是有关联的，本体系统是动作执行输出的最后一个环节，大脑有能力对接收的信息进行准确的处理，下达指令，但在执行时需要本体系统的参与。本体系统是机械性的感受器，只有多用才会发展成熟，所以那些表现得很聪明、动作执行却总是错漏百出的孩子，大多存在身体运用方面的障碍。

六、视觉系统评估观察的要点

1. 视觉反应过度

（1）对光线明暗的变化非常敏感，眼睛无法专注物体或者屏幕。

（2）喜欢在胸前晃动手掌，或者喜欢看移动的物体、闪烁的灯光。

（3）喜欢频繁地开关灯或者开关门的动作。

（4）在一堆图片中挑选指定的图片有困难。

（5）颜色越多或者环境越复杂，注意力越容易分散。

（6）看书或者画画的时候，眼睛需要离得很近才可以保持专注。

（7）视觉记忆能力表现非常突出。

（8）在游戏中只能注意一点，不能注意全局。

（9）喜欢盯住人的脸去看，但是与陌生人交往会感觉紧张，眼神有回避现象。

2. 视觉反应不足

（1）在多元化复杂的背景环境中，很难找到指定的物品。

（2）特别喜欢看颜色、形状持续不断变化的物体。

（3）只有仔细近距离看，才可以判断出物体之间视觉方面的差异。

（4）穿衣服找不到纽扣或者找不到扣眼。

（5）进食的时候，有食物或者餐盘移动时才会注意到。

（6）读书、写字容易串行，画画、涂色很难保持均衡的间距。

（7）拼图、找不同游戏有困难。

（8）喜欢运动、旋转、方向变化的游戏活动。

（9）上下台阶或者翻越护栏时有些犹豫不决。

（10）写字的时候容易出格，涂画也会比别人慢。

（11）容易迷失方向。

七、听觉系统评估观察的要点

1. 听觉反应过度

（1）对声音反应敏感，害怕大的声音，常常捂住耳朵。

（2）情绪会因声音太嘈杂而受到影响。

（3）听觉记忆很好，但是也很容易被声音干扰，分散注意力。

（4）别人说话的时候喜欢插话，自己说话时却不许插话。

（5）玩游戏的时候说话声音很大。

（6）对任何角度的声音来源判断很敏感。

（7）容易被突如其来的声响吓到。

2. 听觉反应不足

（1）对声音反应迟钝，喜欢大的声音。

（2）喜欢有声响的活动，如重复冲马桶。

（3）有时候对叫自己的名字反应慢。

（4）喜欢嘈杂的背景环境，喜欢把音乐声音开得很大。

八、感觉注册评估观察的要点

（1）感觉注册就是指感觉信息在进入大脑之前，能否引起大脑的注意。而信息进入大脑，并引起大脑注意需要符合以下几点因素：

1）信息是安全的。前庭系统对信息处理有一个重要原则，即接收的信息是安全的，安全的信息才会传递给大脑进行处理，如果是不安全的，就要被向下传递到肌肉部分进行逃避或者防御，即常见的疯跑、好动。

2）大脑资源要充足。大脑资源是大脑对信息处理的根本，信息处理过程需要消耗能量。

3）要有良好的精神状态。精神状态对大脑影响非常大，因为大脑是一个复杂的结构，它的耗氧量占身体的25%。

4）有丰富的经历。只有经历足够多，才能使大脑对信息的属性有初步了解，并对信息完成智能性的注册。

（2）如何判断儿童是不是感觉注册的问题，可从以下几点做判断：

1）指令回馈。如果孩子任何指令都不回馈，那么直接指向注册问题。

2）选择性接收信息和回馈。如只对感兴趣的信息有所回馈，而不感兴趣的信息大多数不做任何回馈。

3）看觉醒度。精神状态过于低迷，反应也慢，行动也慢，松松散散的感觉，不与外界交流和互动，习惯于安安静静地独处。或过于兴奋，漫无目的疯跑，情绪反应也比较强烈，容易出现很嗨或者一直哭闹的现象。

影响感觉注册的因素，第一，和前庭系统有关，前庭系统要形成神经传导束传递给大脑的高级功能，形成不了传导束，大脑高级功能接收不了信息，中枢神经系统没有信息进来，所以注册出现障碍，要先激活前庭的感受器，进行前庭激活；第二，触觉的问题，触觉搭建神经传导通路；第三，本体系统的问题，本体系统是做反馈，本体系统发展不足，即便什么都明白但就是做不到，外在表现也是不做回馈。

九、感觉反应过度和过低评估观察的要点

【一个人感觉反应的好坏，就是看他的反应与当下环境是否匹配，如孩子在上语文课，他当下的反应就是要保持安静认真地聆听，如果他正在玩一个团体游戏，孩子的表现可能就是激情和高涨的。而对于感觉统合存在障碍的儿童，他们对外界感觉信息的调节和处理就会存在问题，如反应过度，任何情境下都表现得极度兴奋；或反应过低，好似没有什么事情能调动他的积极性，外在表现萎靡不振。下面我们就对这两种反应进行一个详细的解析，总结出儿童常见的感觉

反应过度和感觉反应过低的表现。】

反应过度就是指大脑对外界输入的刺激反应强烈，这些儿童的神经阈值比较低，只需要一点点刺激就会引发强烈反应，我们可以通过以下几个方面进行观察：

（1）经常会出现什么都不敢、什么都害怕、什么都退缩、非常恐惧的状态。

（2）怕高，自己下楼梯也会紧张，双脚不敢离开地面，不喜欢被举高或玩特别刺激、强烈的游戏，如荡秋千、旋转木马等。

（3）只要面对没有做过的动作或事情就极度抗拒。

（4）不喜欢洗头、理发、不爱刷牙、剪指甲等。

（5）挑食、偏食、厌食严重，对食物的质地、温度、形状等都有要求。

（6）不喜欢人多的地方，特别介意身体被触碰到。

（7）情绪控制不住，容易生气，容易哭。

（8）对光线明暗的变化很敏感，颜色越多或环境越复杂，注意力越容易分散。

（9）喜欢晃手，喜欢看旋转的物体。

（10）听觉反应敏感，害怕大的声音，情绪会因声音太嘈杂而受到影响。

（11）听觉记忆和视觉记忆比较突出。

反应过低就是指大脑对外界输入的感觉刺激没有反应，对其强度或者频率不能产生反应。我们可以通过以下几个方面进行观察：

（1）外在活动毫无目的，甚至是危险或会受伤的。

（2）眼睛对视能力差，指令不佳。

（3）入睡或起床困难，尤其是午睡。

（4）对外界触觉刺激反应很慢，反应迟钝。

（5）喜欢用嘴巴咬东西，吃饭时感受不到脸上有食物。

（6）在多元化复杂的背景环境中，难以找到指定的物品。

（7）读书写字串行，画画、涂色很难保持均衡的间距。

（8）对声音反应迟钝，喜欢大的声音。

（9）喜欢嘈杂的环境，喜欢把音乐声音放得很大。

在实际教学中我们还会发现，有些儿童既有反应不足，也有反应过度的状况，这两种状况会同时出现。

十、感觉区辨障碍评估观察的要点

【感觉区辨障碍就是中枢神经系统无法对输入的感觉信息进行区辨、解读，或者无法进行正确的解读。】

我们可以通过以下几个方面，对儿童感觉区辨能力进行观察与评估：

（1）对物体的质地、属性、形状、大小、冷热等信息区辨错误。

（2）感觉信息不能结合当下环境进行匹配解读，解读错误造成儿童反应不贴合当下环境。

（3）容易迷失方向，分不清左右，辨别方向有困难。

（4）对自己所处的空间位置辨识不清，不清楚是自己在动还是周边的物体在动。

（5）身体警惕性很高，面对一些小事情或者不重要的事情也会显得紧张。

（6）动作不协调，大动作显得笨拙，精细动作也很吃力，动手能力差。

（7）日常穿衣服、袜子也会穿得乱七八糟。

（8）情绪控制不足，很容易因一些细小的点就产生较大的情绪。

十一、感觉运用障碍评估观察的要点

【运用能力是指个体可以按照自己的想法做出与环境匹配的新动作，大脑需要有动作概念和动作计划来组织新的行为的能力。运用能力是建立在动作计划能力之上的，如果想要成功做出动作计划，必须要处理好人与人之间的关系、人与物之间的关系、物与物之

间的关系，以及确定动机。】

我们可以通过以下3个方面，对儿童感觉运用能力做初步观察：

1. **双侧整合评估**

（1）3岁之后观察儿童是否发展出惯用手，也就是利侧手。

（2）是否能顺畅地跨越中线，左脚向右迈出，右脚向左迈出。

（3）是否可以完成骑马跳，边跑边跳。

（4）是否完成开合跳动作，双手上举手心相对，双脚并齐、双脚打开，双手放于身体两侧，依次进行连续开合跳跃。

2. **躯体运用能力评估**

（1）伸出双手，双手五指从小指部位依次并拢呈握拳状，再从拇指依次打开五指，观察儿童是否做得顺畅。

（2）蒙眼爬障碍，给儿童戴上眼罩，摆放一定长度和宽度的障碍物，儿童是否可以利用触觉辨识爬过这些障碍物。

（3）蒙眼碰五官，给儿童戴上眼罩，让他根据家长的指令去点自己的五官，鼻子、眼睛、嘴巴、眉毛、耳朵。

（4）攀爬动作，日常活动中做一些攀爬类的活动，如爬上网状训练器械，可以轻松爬下。

以上这些动作，都可以观察出儿童感觉运用能力发展的成熟度，若出现困难或运用不足的情况，可能就存在感觉运用方面的障碍，造成儿童走路跌跌撞撞，撞到桌角或者其他物体，写字潦草、用力不当，粗大运动不足，如跑、跳都不协调，跳绳、拍球很多体育动作做不好，投球、踢球做不了，严重者必须眼睛看着手才可以做出手眼协调的动作。

十二、感觉调节障碍评估观察要点

【感觉调节就是指大脑对接收的感觉信息做出恰当的处理和反应，结果行为要适应当时的环境、人际关系、游戏规则等。】

我们可以通过以下几方面，对儿童感觉调节能力进行观察与评估：

（1）重力不安全感。观察儿童离开地面后，身体和情绪有无过度反应，是否出现过度恐慌和不安。

（2）运动不耐受。观察儿童是否对运动产生厌恶反应，有无呕吐、恶心、头晕的情况。

（3）过度行为。观察儿童活动量，是否有过度活动行为。

（4）触觉反应大。观察儿童触觉敏感度，是否害怕触觉刺激，不喜欢身体近距离接触，也不喜欢人多和密闭空间，是否伴有防御性过强的行为，逃避或攻击。

（5）声音反应。观察儿童是否有对某种声音或某类声音有过多排斥或者依赖现象。

（6）注意力状态。观察儿童是否容易分心，经常被干扰。

十三、注意力不集中儿童评估观察的要点

【孩子注意力不集中，是家长们特别是学龄期孩子的家长普遍头疼的问题，注意力不集中会影响到孩子的学习成绩，所以家长会显得格外紧张。那么，孩子注意力不集中到底有哪些表现？】

我们可以从以下几方面，对儿童注意力状态进行观察：

（1）做任何事情都是做做玩玩，粗心大意。

（2）对家长给出的指令心不在焉，似听非听。

（3）好动，坐不住。

（4）在任何场合都无法安静，手脚不停或不断插嘴，干扰大人活动。

（5）平时走路急促，经常无目的地乱闯乱跑，不听劝阻。

（6）无精打采，老走神儿，经常想入非非。

（7）一心多用，做事情有始无终，常常半途而废或虎头蛇尾。

（8）粗心、马虎，差错多。

（9）做事情拖沓、磨蹭，如做作业拖拉，不停以上厕所、

喝水、吃东西等理由中断，致使做作业时间大大加长。

（10）冲动任性，情绪不稳定，常不假思索地得结论，行为不计后果。

（11）自控力差，不遵守规章秩序，不听家长、老师的指示，做事杂乱无章，随随便便，不能与人好好合作，容易与人发生冲突。

（12）上课时不能凝视黑板，左顾右盼，小动作多，被老师提问时不知所问。

儿童注意力不集中受多方面因素影响。外部因素如睡眠、饮食、年龄，对待事情的兴趣等；内部原因，前庭抑制功能不足，造成大脑脑压过高，脑神经抑制困难，大脑过于兴奋，外在表现就是好动不安，注意力不集中。

十四、发育期运用障碍儿童评估观察的要点

【有一些孩子，往往在同龄孩子都会做某些事时，他们却不会做。从感觉统合的角度来讲，这类孩子存在发育期运用方面的障碍，发育期运用存在障碍的孩子，通常不仅动作计划困难，而且对于日常生活的许多情况也难以应付。】

我们可以从以下几方面，根据儿童日常表现做发育期运用

障碍检测：

（1）到了上幼儿园的年龄，生活自理方面（如穿袜子、扣扣子、系鞋带、拿筷子、洗手、如厕等）动作依然缓慢或做不来。

（2）到了上幼儿园的年龄，还不会站着荡秋千、不会爬竹竿和绳网等。

（3）到了上幼儿园的年龄，在玩攀、爬、滚、蹦、跳、跑、钻、骑等类的游戏时，依然动作笨拙，行动迟缓。

（4）上了小学之后，还不会自己洗澡，吃饭还是经常掉饭粒，收拾书桌或玩具时比较困难。

（5）上了小学之后，在进行拿笔写字、剪贴作业，着色画画等动作时比较吃力，或比较缓慢。

（6）在小学以及初高中阶段，对家务劳动比较抗拒，即使做家务，在动作行为方面也比较笨拙，使用工具不顺手。

（7）从小到大，动作都比较懒散，行动不积极，做事没效率。

儿童发育期运用障碍，主要包括两个方面，一方面是对自己身体运用的障碍，另一方面是对于工具运用的障碍。儿童对自己身体运用的障碍，主要源于他们对自己身体的概念不清楚，不知道如何运用身体和四肢。对工具运用的障碍，工具其实就是身体的延伸，一个人只有在对自己的身体形象概念有清楚和正确的认识时，才能良好地使用工具，发育期运用障碍和儿童本体系统有很大的关系，本体觉就具有构建“身体地图”，建立身体概念的功能。

十五、疯跑、好动、不听指令儿童观察的要点

对于疯跑、好动、不听指令的儿童，可以从如下两方面进行观察分析：

（1）看外在的表情，觉醒度。看他是否有适度的觉醒度，是否有丰富的表情，是否在跑的过程中非常开心，是否在跑的过程中维持很好的状态，如果有，这个孩子就具有高阶功能；如果在跑的过程中，孩子觉醒度非常地低，那么他就活在低阶功能区。

（2）看在跑的过程中整个身体运用的策略，行为是否得当。跑动中与外界环境产生关系时看儿童的直观反应，活在低阶功能区的只有一种策略——原始反射，行为就会出现吃手、晃手，偶尔去爬一爬、蹦一蹦、跳一跳，如果这个孩子回应得当，但他还疯跑，那是运用出现了问题，我们重点训练本体系统的身体运用、双侧分化、平衡性、稳定性、协调性、肌肉力量等。如果孩子没有任何的策略，那就是发育障碍。发育一旦出现问题，所有能力从零开始，触觉、前庭觉、本体觉三大系统的训练都需要做，包括儿童的头控、动眼、肌耐力、躯体平衡、姿势维持、觉醒度、口部运用、呼吸系统、睡眠状况及饮食都需要调整。

十六、情绪控制障碍儿童评估观察的要点

【有些孩子性格外向，对任何事情都很积极，但就是所有跟他相处的人，不管是爸爸妈妈，还是幼儿园老师，又或者是同龄小伙伴，都不得不小心翼翼，因为他太爱生气发脾气了，稍不满意就会大哭大闹，有很多家长可能认为是孩子年龄小的原因或者是孩子性格的问题，其实很有可能是孩子因感觉调节处理不足而引发的情绪控制障碍，这种情况通过一定的干预是可以恢复正常的。】

我们可以从以下几方面，根据儿童日常表现做情绪控制能力的检测：

（1）不听话，大人说什么都不听，要么当成耳旁风，要么直接反驳抗拒。

（2）顺着他的意思还好，不顺着就大声尖叫，甚至用摔东西，咬人等方式发泄。

（3）愿望达不到就大发雷霆，怎么哄都哄不住。

（4）撒泼打滚，大哭大闹，有时家长甚至不明所以。

（5）倔强，固执，说一不二。

（6）逆反，大人说往东，他偏要往西。

（7）任性，经常耍公主或少爷脾气。

（8）不合群，不能和小朋友和平相处，经常被小朋友告状投诉。

（9）不善表达，容易因为言语不和与人发生矛盾。

（10）攻击性强，容易使用武力解决问题。

如果儿童符合以上两点或更多，家长就需要找专业的老师或机构给儿童做测评，看是否存在感觉调节处理上的障碍，及时干预帮助儿童做情绪调整和控制，同时要重视家庭环境和父母情绪控制能力，这会对儿童情绪发展产生直接的影响。

十七、社会交往障碍儿童评估观察的要点

【有些孩子在集体活动中表现出任性、不合群、霸道、有攻击性行为等，致使他们在团队中不受欢迎，这对儿童接下来的人格发展和未来社会生活都是不利的。可能这种不合群在很早之前就已经出现苗头，只是家长没有刻意关注这方面，导致未及时进行引导和纠正，影响儿童接下来能力的发展，家长若能及早了解这方面问题，就能及时帮助到孩子。】

下面我们总结了儿童人际交往存在障碍的常见表现，家长可根据儿童日常表现做检测：

（1）高冷的独行侠：别的小朋友都在嘻嘻哈哈一起玩老鹰

捉小鸡，他却一个人在墙边垒积木。

（2）自私的小霸王：喜欢和其他小朋友一起玩，但是不会分享，不许别人碰自己的玩具，自私霸道，结果没人愿意跟他玩。

（3）输不起的娇娃娃：好胜心强，玩游戏容易较真，但是又输不起，一输就赌气说不玩了，久而久之大家都觉得他很没劲，不愿意和他玩。

（4）老师的小跟班：这类孩子很黏人，在家黏父母，在幼儿园黏老师，还经常撒娇，搞得其他小朋友都感觉他想独自霸占老师的爱，所以不喜欢他。

（5）爱炫耀的富二代：今天爸爸给他买了小玩具车，他拿到小朋友面前炫耀；明天妈妈给他买了新衣服，他又来到小朋友面前炫耀，没有边界感，不会察言观色。

儿童出现人际交往的困难，除和自身能力认知有关外，还和父母的带养方式与教养态度有关，如过度溺爱造成儿童过于以自我为中心，缺乏规则意识；父母自视清高，导致儿童目空一切，不尊重他人；父母较少带儿童出去玩耍，活动空间有限，缺乏人际交流的经验等，这些都会影响儿童的人际交往。

十八、学习认知障碍评估观察的要点

很多家长一听到学习认知障碍，立马就联想到孩子学习成绩和表现，但学习认知障碍的界定，不只是符合以下 4 种情形：

（1）在听、说、读、写、算、推理等能力上有一项或一项以上存在显著障碍。

（2）不能有效处理大脑内部信息及精通学校功课。

（3）在了解和运用语言、文字等方面有障碍，导致听、说、读、写、算、思考等能力不足。

（4）智力属于平均或以上程度，且不盲、不聋，也曾获得适当的学习机会，但就是成绩不理想。

除了以上4点，家长还可以在家中根据儿童表现情况做以下各方面能力检测。若儿童大多数都符合，同样也存在着学习认知障碍的问题。

学前阶段：

（1）3岁时优势手还未建立，分不清左右。

（2）说话晚，语言发育迟缓。

（3）发音不正确，口齿不清。

（4）认识颜色、符号（数字、字母、拼音）有困难。

（5）无法专心聆听，听指令做事情比较困难。

（6）记忆力差，背歌词记名字困难。

（7）学习拿笔困难，数字方向常常搞错。

小学阶段：

（1）姿势不良，写字的时候常常以手托腮，头趴在桌子上等。

（2）过分好动，坐不住。

（3）注意力不集中，容易分心。

（4）写字时容易上下或左右颠倒。

（5）写字潦草、速度慢，手容易酸。

（6）认字有困难。

（7）对相同字形的字不易区分。

（8）视听知觉记忆力差。

（9）阅读、抄写的时候经常遗漏字句。

（10）语音分辨不清楚，听写起来有困难。

（11）四声分辨不清楚，学拼音有困难。

（12）分不清楚左右方向。

（13）眼睛容易疲倦，阅读时间短暂。

（14）计算反应慢，经常算错。

存在学习困难的孩子，如果在学龄前或小学阶段这些问题没有得到解决或改善，到了初中、高中，伴随着课业的难度加深，可能还会面临更大的压力。

十九、语言发育障碍评估观察的要点

【语言是为了交流而产生的约定俗成的符号系统，人们通过应用这些符号达到交流的目的，其表现包含对符号的表达和理解，符号包括口头语言、书面语言、姿势语言，即手势和面部表情及哑语等。若儿童出现语言发育迟缓的问题，如到了该说话的年龄迟迟不开口，发音不清或大舌头，只能仿说而无法自主运用语言进行表达，或完全不能理解他人表达的语言，语言逻辑混乱，说话不符合语境等，已严重影响到儿童的社交与认知的学习，家长一定要及时干预。】

家长虽然比较心急，但要明白人类语言的发展从来都不是只依赖于单一能力的发展，它是多个系统共同构造的结果。因而需要通过评估找到儿童语言发育障碍的原因，进行有针对性的训练及干预，才能快速帮助到儿童。我们可以从以下几方面，对儿童语言发育能力做简单的评估与观察：

1. 词语理解测试

评估方法：家长提前准备老虎、狮子、小猫、小狗 4 张动物卡片，提前教会儿童识别、认读 4 张卡片，然后将 4 个或者更多卡片放在一起，家长下达指令，要求儿童把“小狗”卡片指出。

观察要点：儿童能否按照家长指令准确找到卡片，这是对儿童词义理解的测试。

2. 语句模仿能力测试

评估方法：家长说一句简短的语句，儿童进行模仿，例如：爸爸每天开着小汽车去上班，妈妈今天给我戴上了小花帽，奶奶带我去公园看金鱼等。

观察要点：儿童在仿说的时候，是否能够和家长说的一样，如果不一样，再看儿童所表述的意思是否完整，语法是否规范，如果意思完整，语法规范也算完成此项测试。

3. 舌头运用测试

评估方法：家长引导儿童将舌头伸出，做出前伸后缩、舔上唇、舔下唇、舌头向嘴角两侧方位摆动、从双唇中线起沿唇部饶舌一圈再到上唇中心止。

观察要点：看儿童是否能独立完成这些动作，舌头是否伸缩自如，几个动作完成是否灵活，在进行舌部运动时是否有代偿行为即面部表情狰狞，头部跟着舌部方位移动，做起来较费力等，若存在一项要求完成不足，那么儿童舌部运用方面就可能存在问题。舌部运动是构音的重要部位，尤其影响着发音的清晰度。

4. 下颌运用测试

评估方法：家长引导儿童张开嘴巴，然后下颌开始左右摆动。

观察要点：下颌左右摆动自如即算完成测试。

5. 唇部运用测试

评估方法：家长引导儿童做圆唇动作，嘴唇嘟起呈 O 型；再引导儿童做展唇动作，两侧嘴角尽量向后展，双唇呈一型，牙齿露出；最后再引导儿童圆唇和展唇交替进行。

观察要点：圆唇是否完成，展唇是否完成，圆展交替是否完成，有无出现面部肌肉代偿行为，即面部肌肉过度用力，完成是否独立顺畅，若存在做起来较吃力或完成不顺畅其中一方面的情况，儿童唇部运用方面可能存在问题。

儿童语言的发展离不开对词义的理解，离不开对语法的掌握，更离不开构音器官唇、舌、下颌部位的协同运作，若任何一方面存在不足，都可能会造成儿童语言发育迟缓、发音不清，说话不连贯或语句表达不流畅，语言逻辑混乱等问题。

二十、视觉系统评估（眼球运动）

【视觉的稳定性、视觉追踪能力对儿童学习影响很大。我们在测评中经常会有一些儿童视觉稳定性很差，说话交流时眼神不对视。有些学习存在障碍的儿童，视觉追踪也不佳，很难追随到目标物的移动，也很难利用双眼从一点移动到另外一点，眼球移动不平顺，眼球经常频繁跳动等。】

具体测试方式，我们可以从以下几方面进行：

1. 视觉稳定性测评

评估方法：找一支铅笔，上端带有橡皮，将铅笔垂直放于儿童眼前 20cm 处，橡皮和眉心位置保持平行。

操作要领：家长下达指令，要求儿童不能眨眼、不能闭眼、不能晃动头部，目不转睛盯住橡皮 8 秒时间。

评估解读：如果孩子做不到，频繁眨眼或者头部晃动，眼睛无法注视，或者注视时间不足，说明儿童前庭抑制功能不足，眼部肌肉和颈部肌肉稳定性不够。

2. 视觉追踪测评

评估方法：找一支铅笔，上端带有橡皮，将铅笔垂直放于儿童眼前20cm处，橡皮和眉心位置保持平行。

操作要领：家长下达指令，要求儿童不能眨眼、不能闭眼、不能晃动头部，目不转睛盯住橡皮，随后家长手握铅笔在儿童眼前左右慢慢移动，儿童在头部不动的前提下，眼球随着铅笔的左右移动而移动。

评估解读：如果孩子做不到，频繁眨眼或者头部晃动，只有凭借眼球和头部同时移动才可以追视，说明儿童眼球追踪能力不佳，前庭和颈部、眼肌统合不佳。

二十一、呼吸系统评估

【呼吸就是将氧气吸入，同时呼出二氧化碳的气体交换过程，这个过程需要用到的人体器官有鼻、咽、喉、气管、支气管、肺。我们知道鼻子、咽部、喉部是发音的重要组成器官，在儿童发育早期对其进行锻炼运用会对发音有很大帮助。】

我们可以从以下几方面观察儿童呼吸系统能力的发展状况：

1. 呼气测评

评估方法：准备一个气球，要求儿童吹气球。

操作要领：家长下达指令，要求儿童吹起气球，测试目的不是看能不能把气球吹起吹大把气球尽最大可能吹起，而是要观察儿童在吹的过程中唇部的封闭性和儿童是否会吹气球。

评估解读：如果孩子做不到，不会用气，则呼吸系统运用不足，呼吸支持不足，或者在吹的过程中唇部漏气严重，表明口轮匝肌封闭性不严。

2. 吸气测评

评估方法：准备一个 5cm × 5cm 的纸片，放在儿童唇部，要求儿童将纸片吸住。

操作要领：家长下达指令，要求儿童用力吸气，将纸片吸附在唇部，保持不落，尽最大可能保持吸附的时间，注意不能用手触碰。

评估解读：如果孩子做不到，不会吸气使纸片掉落，或者吸气力度不够，导致纸片掉落，都是因为呼吸系统运用不足导致的。

二十二、核心肌肉评估

【核心肌肉群主要是指我们肩部、背部、腰部、腹部的肌肉力量。身体的运动稳定性训练能建立一个强有力的核心肌群，强化核心肌肉力量的主要目的是控制身体的重心、稳定身体的重心，这样我们才可以把四肢的力量传送出去，并且使其最大化，从而保证身体的稳定性和协调性，保证动作的灵活性和准确性。】

我们可以从以下几方面观察儿童核心肌肉群能力的发展状况：

1. 俯卧伸展测试

评估方法：要求儿童俯趴于地面，双手和双腿伸直，全身用力，身体绷紧，头部上抬，身体呈月牙船状。

操作要领：手臂和腿部必须伸直，整个躯干上弯，以腹部作为支撑点，头部也要用力上抬，保持稳定维持这个姿势 5 秒以上。

评估解读：如果孩子完全做不到或测试过程手臂无法伸直、腿部无法伸直，表现为身体无力、四肢无力，就说明儿童整体核心肌肉群力量是不足的。

2. 仰卧屈躯测试

评估方法：要求儿童仰卧于地面，双手抱臂放于胸前，要求腿部弯曲抬起的同时上半身也抬起，大腿和地面、背部与地面的角度要达到 45 度。

操作要领：测评过程，上半身和下半身要同时屈躯，双手抱臂不能松开。以屁股为支撑点，将身体稳定住，保持稳定维持这个姿势5秒以上。

评估解读：部分儿童虽然特别用力，但是上半身就是无法离开地面，只能松开手臂支撑离开地面；或者上半身和下半身无法同时抬起，只能分开完成，说明儿童的腰胯部及颈部核心力量是不足的。

二十三、粗大运动测评

【粗大动作就是指涉及大肌肉群，如腿部、背部、肩部和臂部肌肉的活动及运动技能，这些技能影响着人类整个身体的力量和协调运用。粗大动作在婴幼儿早期发展中尤为重要，像抬头、翻身、坐立、爬行、站、走等，为儿童接下来的跳跃、攀爬、投掷等运动技能奠定基础。粗大动作的发展不仅对儿童运动能力至关重要，还对他们的整体身体协调、平衡感、空间意识以及自信心的建立都有重要影响。】

我们可以从以下几方面观察儿童粗大动作能力的发展状况：

1. 踢球

评估方法：2岁儿童，给1个足球，要求儿童将静止的足球踢走。

操作要求：要求儿童身体保持稳定，会发力，可以准确踢到静止的足球。

2. 金鸡独立

评估方法：3 岁儿童，要求可以进行单脚站立。

操作要求：要求儿童尽最大可能保持稳定，站立 10 秒。

3. 单脚跳动

评估方法：3 岁半儿童，要求可以进行单脚跳动。

操作要求：观察儿童是否可以跳动，以及跳动过程是否全身用蛮力跳起。这里的跳动不是跳跃，也就是儿童完成单脚跳的动作即可。

4. 脚跟对脚尖向前走

评估方法：4 岁儿童，要求脚跟对脚尖向前行走。

操作要求：儿童可以双手叉腰，也可以双手侧平举，但是要保证身体稳定，然后脚跟对脚尖慢慢向前走，身体必须保持稳定。

5. 脚尖对脚跟向后走

评估方法：4 岁半儿童，要求可以脚跟对脚尖向后行走。

操作要求：儿童可以双手叉腰，也可以双手侧平举，但是要保证身体稳定，然后脚尖对脚跟慢慢向后走，身体必须保持稳定。

二十四、精细动作评估

【精细动作是指人类凭借小肌肉或者小肌肉群完成

的动作，主要是指手以及手指的动作。这些动作包括伸手取物、手掌抓东西、拇指和食指对捏拿东西、拇指和其他手指配合拿东西、剪纸、折纸、涂色、系纽扣、绑鞋带等。】

我们可以从以下几方面观察儿童精细动作能力的发展状况：

1. 画竖线法

评估方法：2 岁儿童，可以模仿画出竖直的直线。

操作要求：家长先画竖线，要求儿童模仿，家长要注意，儿童只要画出有竖线的感觉即可。

2. 画十字法

评估方法：3 岁儿童，可以模仿画出十字。

操作要求：家长先画十字，要求儿童模仿，只要画出趋近于十字即可，也就是有水平线和垂直线交叉即可。

3. 描线法

评估方法：4 岁儿童，可以进行描线。家长可以找一张难易程度合适的简笔画，要求儿童沿着简笔画的边线描线。

操作要求：描线过程要求儿童的画线和简笔画的线条重合，运笔顺畅，力度适中，不能用蛮力描线，要保证线条匀称。

4. 剪纸法

评估方法：4 岁儿童，可以进行剪纸测试。家长可以找一张难易程度合适的简笔画，要求儿童用剪刀沿着简笔画的边缘线剪。

操作要求：剪纸过程要保证双手协调，边线顺滑，动作流畅，要沿着边线进行剪纸，不能破坏边线。

二十五、平衡能力评估

【平衡是人类一切运动的基础，它不单指我们走路平稳、站立平稳，更主要的是在身体运动的时候保持重心的稳定。】

我们可以从以下几方面观察儿童平衡能力的发展状况：

1. **大象鼻子旋转测试**

评估方法：要求儿童自然站立，一只手捏住自己的鼻子，另一只手从手臂空隙穿过伸直，这只手就类似于大象的鼻子，所以叫大象鼻子旋转。

操作要求：要求儿童适度低头，匀速旋转，向左和向右各旋转 10 圈。家长观察儿童是否有眩晕的感觉，是否一转立刻就晕，还是久转不晕，还是儿童有晕的感觉但是可以控制。

评估解读：一转立刻就晕和久转不晕都说明前庭系统功能失调。一转就晕说明前庭反应过度，这类儿童可能伴随有容易分心、小动作多等行为，平衡感不佳。久转不晕说明前庭反应不足，这类儿童可能伴随有特别好动、疯跑、指令回馈障碍。

2. 走直线测试

评估方法：在地面上画一条直线，要求儿童双手侧平举，脚跟对脚尖沿直线向前走。

操作要求：要求双手伸直侧平举，目视前方，眼睛不能盯住自己的脚步，而且必须是脚跟对脚尖沿着直线行走，身体保持稳定。

评估解读：如果儿童手臂无法侧平举，感觉手部没有力气，证明肩关节或者手臂肌肉力量不足。儿童在行走过程出现身体严重摇摆、严重的脚跟对脚尖无法行走，证明身体平衡以及姿势控制力不佳。

二十六、协调性评估

【协调能力主要就是手眼协调、双侧协调、四肢协调，使儿童最终的行为展现更准确，更灵活，更有协调性。协调性和运动能力、姿势控制、身体平衡都有关联。】

我们可以从以下几方面观察儿童协调能力的发展状况：

1. 静态投掷测试

评估方法：准备 1 个沙包、1 个纸箱，要求儿童将沙包投入纸箱内。

操作要求：要求儿童站在距离纸箱 1.5 米之外的位置，连续投掷 3 次，能够准确投入。

2. 运动中投掷测试

评估方法：准备 1 个沙包、1 个纸箱，要求儿童以纸箱为圆心，半径为 1 米，绕着圆心跑，跑动过程中将沙包投入纸箱内。

操作要求：要求儿童必须在跑动中投掷，连续投掷 3 次，能够准确投入。

3. 在动态环境中的运动投掷测试

评估方法：准备 1 个沙包、1 个纸箱，家长手持纸箱进行不规律地晃动或移动，但是速度不能过快，要求儿童在跑动和追逐中把沙包投入纸箱内。

操作要求：要求人是动态的，纸箱也可随意移动。

评估解读：如果儿童连续投掷失误，没有对投掷过程中的力度大小做修正，那就说明儿童视觉空间的判断及本体觉力度把控能力不足，不能认真感受本体觉所传递的感觉信号做力度的修正，也不能借助视觉对空间距离做侦测，手眼之间的协调和配合也不足。

第十一章　常见感统失调行为解析

【感统失调的儿童大多会表现在行为上，经常会出现一些异常行为，让家长焦虑不安，不清楚是什么原因造成的，不知道该怎么办。首先我们需要了解儿童异常行为背后的原因，然后制定训练方向，帮助儿童快速改善问题，儿童问题得到了改善，家长的焦虑与压力才能得到缓解，才能以更好的状态陪伴儿童成长。】

一、为什么孩子会出现疯跑、不听指令的行为？

只要是特别好动或者疯跑的孩子，都会延伸出一系列问题，如没有指令或指令回馈差、逻辑思维不佳、人际交往能力不足等，而孩子之所以疯跑，控制不住自己停下来，原因主要有两方面：

（1）前庭抑制不足导致孩子异常兴奋。前庭系统的功能主要有两方面：一是对接收的信息进行统合—处理—加工—存储，然后形成知觉，给大脑皮质层提供解释加工的原材料；二是前庭抑制和促进，前庭系统本身具有调节能力，当外界对前庭的刺激太多时，前庭系统会发挥抑制作用，自动过滤掉过多的刺激；当外界刺激太少的时候，它又会发挥促进作用，主动扩大神经传导通路，所以孩子前庭抑制不足，信息过载就会造成儿童异常兴奋。

（2）感觉注册不良。因感觉刺激不足导致信息注册不良，信息注册不良就会导致中枢神经系统刺激不足，阈值变高，进而导致觉醒度变低，觉醒度一旦变低，大脑的机能就会下降，就不足以维持中枢神经系统的正常运转，于是就启动了感觉寻求：你不给我刺激，我就要自己去找刺激，就会表现出兴奋的状态。

孩子在日常生活中出现疯跑的行为，家长要不要进行阻止？答案是在没有危险的情况下，不要阻止，不阻止并不是任其乱跑乱动，而是要通过专业的感统训练来改善，把这种无意义的跑转换成有意义、有目的地跑，日常活动带儿童去跑步、爬山、上下爬楼梯等，既能满足儿童的感觉需求也提供了感觉刺激，一举多得。

二、为什么孩子写字慢，写字过度用力，写字不好看？

人类在发展中所做出的每一个动作都是多个感觉统合后形成的结果。要想儿童写字写得比较好，就需要以下系统做好配合：

第一视觉，视觉是书写的基础，它涉及儿童对字形的辨别、记忆以及精准复制的能力。儿童需要通过视觉信息来指引手部进行精细的动作运用，比如握笔、运笔等。如果儿童的视觉运用能力较弱，如视觉运动整合能力差，就难以在头脑中形成清晰、精准的视觉图谱，进而影响书写的精准性和顺畅性。

第二本体系统的反馈与修正，大臂力量的支撑和精细动作的运用进行控笔，根据本体的感受做力度的把控，及时给予大脑反馈，写字力度是大了还是小了，及时对写字这个动作做修正。

第三触觉辨识，触觉辨识提供笔表层的质地，是笔握在手中有触感的体现，儿童能依赖于触觉辨识感知这个笔表层的质地是圆的还是方的，进而调整握笔的位置，更好地去使用这支笔。

第四前庭觉，前庭系统能及时侦测我们头部方位，并感受我自身身体空间移动的，前庭归零力。它要保证我们身体处于中线的位置，让我们身体的坐姿更标准。

以上这些感觉都参与统合在一起保证了儿童的书写能达到

一个很好的效果，若其中一个感觉系统发展不良，那么就会影响儿童最终书写的展现。

三、为什么孩子行为刻板与感觉统合失调有关？

行为刻板是指儿童在一定情境下反复重复某种行为或固定的行为模式，这些行为的产生缺乏目的性并与当前的环境不符合。若儿童产生某种行为，例如哭闹，遇到任何事情都哭，就是为了达到某种目的，这只是一种行为问题，是可以通过满足他就能改变的行为，不算是行为刻板。

真正意义上的行为刻板，即便满足他也不能立马做出改变，还是重复一种行为动作，这就是感觉调节的问题，大脑中枢神经系统无法对当下所感受的多种感觉信息，尤其是新颖的刺激进行恰当地处理和调整，没有能力处理新的经验和事物，只能调取大脑中已知的、熟悉的经验去做反馈，所以就会频繁出现重复的固定的行为动作。

同时，从感觉统合的角度可以分析，重复刻板的行为主要和大脑中的一个重要神经回路（涉及皮层、纹状体、丘脑和皮质间的连接）有关。这个回路主要调控习惯行为和目标感的行为，对于运动控制、决策制定以及情绪反应等多个方面都至关重要。正常情况下，这个回路帮助个体形成和调整习惯，促进学习和自动化处理日常任务，有刻板行为的儿童可能由于神经递质不平衡、直接或间接通路的异常、大脑特定功能区的异常造成神经回路构建上存在障碍，进而造成异常重复性的行为增多。

而解决孩子行为的刻板就是要给予儿童大脑丰富的感觉刺激，给中枢神经体系提供感觉营养，使大脑机能更强，能处理更多的感觉信息，神经回路构建才能处于正常水平，儿童也就不会再固定于重复的行为模式上，刻板行为自然也会慢慢减少。

四、为什么孩子特别排斥洗头、理发、洗澡的行为?

孩子特别排斥直接作用于皮肤上的感觉刺激，如洗头、理发、洗澡等，对直接触碰到自己皮肤的一些感觉刺激都会有很大的反应或很抗拒，这就是非常典型的触觉过度敏感、防御性过强的表现，也是儿童触觉辨识不良产生的一种防御行为。

我们每天接触的触觉刺激信息很多，有冷热、粗糙、细软、振动、挤压、温度、湿度、形状等，中枢神经系统对这些信息都要进行解释、加工和处理，如果中枢神经系统无法识别、解读，那么这些信息就有可能被误解，或者不能正确解读，其外在行为就会发生障碍。举个例子，如果我们遇到多年不见的好友就会上前拥抱，并会用力拍打对方，正常我们把此时的拍打都会解读为善意的、友爱的，即使对方力气稍大一些，我们也不会生气，但是对于有触觉防御过当的儿童来讲，他可能只解读触觉本身的信息，不与环境相结合，他会认为那就是痛，那就是不开心，对方就是恶意的，但正常情况下我们把触觉和环境结合起来解读，就知道对方不是恶意的。所以，触觉防御大多都出现在中枢神经系统无法解读的层面，先进触觉系统的辨识能力发展不足而引发的。

五、为什么孩子动手能力差，对细小物品操作很困难？

儿童的动手能力，对细小物品的操作需要以下几大系统做好配合：

第一视觉，眼睛要看，对物品进行辨识，才知道接下来要怎么去控制自己手部操作动作。

第二触觉辨识，手部的触觉系统发育也是最早的，儿童通过手部触觉，感知拿到手中的所有物体的质地、形状和大小，才能知道自己的五指要怎么去进行抓握和配合。

第三大臂力量及手部精细运用能力，小肌肉群的发展依赖于大肌肉的支撑，就好比大臂受伤，即便手指运用很灵活也无法操作物品。在这一点我们要判断儿童是大臂力量不足还是手部精细动作操作不良，再去做针对性的训练。如果是大臂没有力量那就侧重于上肢力量的练习，如果是手部精细动作操作不灵活，那就侧重于手部精细动作的运用，像捏豆子、串珠子、撕纸，搭积木等精细动作的练习，锻炼五指的灵活性。

以上三个系统对儿童手部精细动作的发展都会有影响，因此要想儿童动手能力有提升，视觉、触觉、大臂力量、五指分化及运用缺一不可。

六、为什么孩子玩球时，会闭眼睛或躲避，很难接到传来的球？

为什么孩子和别人进行抛接球活动时，在接球中总是容易闭上眼睛？要想玩好球类的活动离不开视觉和前庭觉这两个系统。

第一个视觉，掌控的是远端的空间，负责对远处环境和物体的侦测，比如判断这个球的大小，球与自己的方位和距离，球要落在哪个方位了，这样接下来才知道在什么时候伸出手，要伸到哪个方位去接这个球。

第二个是前庭系统，前庭觉是侦测自己头部移动的空间方位，了解自己所处的空间位置，这样在球飞奔而来的一瞬间，知道身体要怎么移动，向哪个位置移动才能更精准地接到这个球。所以一个是负责远端环境的观察，一个是负责近端自我身体的调整，只有这两个系统统合在一起共同作用，才能知道球的位置，知道身体的位置，才能接住球。

而很多孩子在接球中会有闭眼睛和躲避的行为，也是因为视觉和前庭觉两者没有统合好远端和近端的信息，球来得太快，反应不及时产生的下意识的动作反应，为保护自己不受伤，所以下意识闭眼睛或躲避球。

七、为什么孩子总是容易碰撞一些物体?

儿童总是容易出现磕碰，碰倒物品或撞倒其他小朋友，有时候也撞到墙角伤害到自己，儿童产生这种行为有两方面原因：

第一视觉空间感判断不良，我们在走路或者跑步时，没有人会低着头走路，因为视觉要眺望远方，时刻观察周边环境，使自己的大脑及时做出调整，从而绕过一些障碍物避免自己受到伤害，而这个过程就需要视觉对远端空间有一个精准的判断。如我们在开车时，你要绕过一些障碍物，怎么绕，从哪个方位绕，方向盘怎么把控，这些在车开到那个位置之前，你的大脑已经接收到视觉传递的信息开始想对策了，等你将车开到那个位置时很自然地就绕过这个障碍，避免了碰撞，一些视觉不良的孩子，有些障碍物临到眼前才发觉，及时调整已经来不及，所以就会碰撞在上面。

第二本体觉处理能力不足，本体觉就是个体在肌肉、肌腱、关节等运动器官在不同状态下所产生的感觉，通过本体觉将这些肌肉所产生的力量、关节的位置、身体移动的速度快慢等信息传递给大脑，大脑能及时做出回馈调整自己的动作，而本体觉发展不良的儿童信息传递到大脑的效率就低下，导致大脑模糊混乱地指挥自己的身体，有些儿童本体觉感知不良也会存在刻意寻求这类感觉刺激的输入，故意使自己的身体去和外界的事物产生碰撞，还有的儿童也特别喜欢从高处向下跳等，出现这种行为时，家长或者老师就可以多给儿童进行深压的触觉刺激，或让儿童多干一些体力活，降低儿童本体感的感觉寻求行为。

八、为什么孩子总是爱动，小动作多，易分心？

小动作过多，无法静坐的儿童，其专注力也一定会受影响，小动作过于频繁，就会分散大脑精力用于调整自己动作姿势方面，那么就不能保持百分之百的精力维持在某件事情上，专注力自然也会受到影响。所以解决儿童易分心的问题首先要解决儿童小动作过多的问题。而小动作过多的原因有以下几方面：

（1）户外运动不足导致前庭系统发展不足，前庭系统不足就会导致孩子眼球稳定性差，视觉不稳定，那么所处的空间位置也会不稳定，就会导致孩子好动。

（2）家长经常打断孩子，导致髓鞘化发展不良，髓鞘化发展不良，就容易产生神经电流信息的流失，孩子的外在行为表现就会是小动作多，注意力容易受干扰。

（3）肌肉力量不足，孩子在幼儿园里除了认知学习，还有大量需要静坐来完成的游戏互动，肌肉力量不足，保持良好坐姿维持的时间就短，只能通过动来动去缓解来自身体的疲惫感。

（4）触觉系统发展不足，孩子原始系统过于强大，就会造成孩子对周边的事物或环境没有安全感，产生防御的状态，孩子就只能通过运动不断地调整自己所处的状态，所以造成孩子小动作多，坐不住。

九、为什么孩子写作业总坐不直，易趴在桌面或后仰在椅背上？

儿童一到坐姿和站姿，就会显得肌肉无力，要么趴在桌子上，要么靠在椅背上，是因为力量不足吗？答案是肯定的，要想维持一定的姿势首先要保证肌肉有一定的力量和耐力，尤其是我们颈部、肩部、腰部、胯部这些核心肌肉群的力量，肌肉的力量及耐力是维持姿势的基础，同时保持较好的坐姿、站姿和前庭系统也有关。

前庭觉有两大感受器，其中一个感受器是耳石器，它主要就是感受重力的，前庭系统会对抗重力，就是人体抵抗地球引力产生相反方向的力，保持人体正常姿势能坐直和站直。有的儿童无法坐直，身体姿势总是倾斜，严重的还会有弯腰驼背的情况，就是因为身体无法感受重力的变化所以不能及时产生对抗重力的姿势。这种情况下就不能只是练习肌肉的力量，还要多做一些前庭方面的刺激，如俯冲滑板、折返跑、蹦床训练。激活前庭系统募集这些对抗重力的肌肉，让儿童保持直立，维持较好的坐直和站直。

十、为什么孩子恐高，对脱离地面的活动很排斥，难以接受？

儿童拒绝玩游乐场上大型的游乐设施，像旋转木马，海盗船，大摆锤等，对脱离地面的活动特别恐慌。简单点说就是恐高，用感觉统合的专业术语来说就是重力安全感不足，和前庭系统感受重力有关。

当个体脱离地面后，前庭系统要侦测个体与地心引力之间的关系，侦测个体所处空间位置的变化，如果前庭系统发展不足，就无法解读这种位置变化信息，不知道自己所处的空间位置是多高，也很可能产生误判，本身只是3层高，前庭误判为9层高，所以儿童就会非常地害怕。重力安全感不足的儿童对移动类的活动也会很厌恶，而人类所有的经验获取都是通过动才能听到、看到、摸索到更多的东西，大脑才能获取更多的经验，如果儿童排斥移动类的活动，则对于儿童接下来的发展也是不利的。在给儿童进行干预时不要直接进行脱离地面方面的前庭刺激，可以先从地面活动开始，像侧翻滚、前滚翻、蹦床、跑动等。

十一、为什么孩子3岁后还频繁吃手，咬指甲，咬衣领？

0~12个月的婴儿会有口欲期，会频繁地吃手、拿到玩具就往嘴巴内放，口欲期的发展最迟可延续到2岁左右，在这个阶段出现吃手等行为都是没有问题的，这也是婴幼儿探索世界、发展感官和运动技能的阶段，但是如果孩子已经超过2岁还在频繁吃手，家长就需要引起重视了，可能和前期口欲敏感期还没有顺利过渡有关。

敏感期也是生命自我完善的一种本能，只有经历过这些敏感期的儿童，才会真正长大成“人”，但是如果前期没有给予儿童足够的口腔刺激，这项行为还会向后顺延，即便已经到了3岁或者5岁左右的年龄，口欲敏感期的行为还会存在，所以这个时期，我们需要给孩子提供丰富的口腔刺激，如一些牙胶类的物品可以让儿童多咀嚼，还要坚持给孩子进行口腔按摩刺激。另一方面也可能和儿童心理因素有关，如果儿童天生比较内向，精神容易紧张、焦虑，也会通过吃手、咬衣领等来缓解心理紧张的状态，这时家长就需要给儿童提供一个轻松、愉悦的氛围，平常多进行一些亲子互动，多进行沟通交流，给予儿童足够的安全感，也可以在日常多分散儿童的注意力，帮助改掉吃手、咬指甲或咬衣领的习惯。

十二、为什么孩子挑食严重与口腔敏感度有关?

孩子挑食严重有很多种因素，可从以下几方面寻找原因：

第一，与长久养成的饮食习惯有关，也就是从小吃饭就挑，家长也没有过多引导，养成挑食的习惯。

第二，和口腔内肌肉分布的触觉感受器敏感度有关，触觉是由皮肤组织下的触觉神经感受器将皮肤感受到的温度、湿度、疼痛、触碰、压力、痒、舒适度等各种感觉传递给大脑。大脑整合这些信息，再让我们的身体和环境产生良好的互动，而口腔过于敏感的儿童对一些食物的材质是无法适应的，接受不了这种食物的材质带来的感觉刺激，如菠菜，吃起来有拉丝。有些儿童就会比较排斥，这种情况下就需要家长对儿童口部进行触觉降敏，增加口部按摩刺激，如拿软的牙刷在儿童口腔内壁两侧及上颚、舌部位置进行轻刷等。

第三，和口腔内肌肉力量不足有关，儿童通过咀嚼、撕咬等行为获得口部肌肉的训练机会，若儿童前期吃过多松软的食物，口部肌肉没有大量咀嚼未得到训练机会，那么儿童对一些硬质的像肉类的咀嚼起来比较费力的食物也不会接受，同时口腔肌肉力量不足的儿童吃饭也是囫囵吞枣，吃东西咀嚼不碎。针对这种类型的儿童，家长就需有意识地在饮食中多下功夫，平常吃水果就不要切小丁，让儿童张大嘴巴去啃咬，买一些坚果、牛肉干等硬的食物让儿童咀嚼，也可以买专用的牙胶，让儿童进行咀嚼练习。

十三、为什么孩子到了学龄期依然过度依赖父母，没有自己的想法？

儿童到了 6 岁之后就会有较强的独立能力，自我控制力和觉察力，会有很多自己的想法，逐渐摆脱对父母的依赖，但对于感觉统合出现障碍的儿童，他们缺乏独立性，缺乏身体运动的独立和想法的独立，因此即便到了学龄阶段还是像幼儿期一样过于依赖父母。

在独立完成一件事情时，我们需要考虑到几大要素，第一，为什么要做？第二，如何来实现？第三，由谁来做？很多感统失调的儿童因为防御反应过度，没有激活大脑皮质功能区，遇到一件事情不知道为什么要去做，缺乏目的，核心问题也是前庭系统没有做出定向反应，激活皮质功能区，所以根本就不知道为什么要去做；仅仅有了动作的目的还不够，还要有计划，有策略，我们要如何来完成这个动作。大脑要提前快速统筹和计划，完成这个动作需要视觉、听觉、手脚的配合，如身体双侧顺序先伸右手还是左手，身体要保持怎样的姿势，需要用到哪些部位的肌肉群，需要多大的力度等；最后一步由谁来做，这个时候大脑就需要各个感觉系统持续不断的感觉输入，获得周围环境信息以及本体系统中关节位置和姿态，身体、头部位置、肌肉收缩等信息，大脑获取这些信息之后，就要把这些无意义的感觉赋予意义，大脑获得这些信息的反馈，就会提前制定策略和部署下达行为指令，给各个阶层按照预先的策略协同进行，这样一个完整有益的动作就形成了。

而感觉统合出现障碍的儿童，他对自身概念的认知不清晰，不知道自己身体所处的位置，也不知道自己身体各个部位的概念和意义，不知道如何控制身体进行执行，大脑皮质层也缺乏计划性、策略性、运用性，因此他们就会过度依赖于一直帮他们的父母，而对于感觉统合存在障碍的儿童，他们的自主独立性往往都是不足的。这种情况下，家长不但要多鼓励儿童，还要有意识地培养儿童自主做事情的习惯，同时也要对儿童的本体系统及前庭系统进行干预和锻炼。

十四、为什么孩子不喜欢和同伴玩耍，总是喜欢独自进行活动？

孩子到了社交的年龄却不和同龄玩伴玩耍，总喜欢自己独自进行活动，这是什么问题导致的？

（1）和他从小到大的生长环境有关，环境单一，户外活动少，缺乏同龄玩伴。孩子的社交都是在互动交流中不断发展出来的。前期生活环境单一，群体活动少，玩伴少、接触少，自然不会和人交往，缺乏经验的习得，也不知道怎么玩。

（2）家长包办代办过多，孩子缺乏独立意识，做什么都需要家长的陪同或帮助，自然也就缺乏主动交流的意识。

（3）感觉刺激匮乏，触觉敏感，对外界的辨识能力不好，情绪运用不到位，就会产生情绪问题，如爱哭、胆小等问题，也就无法正常和别人互动交流。

（4）和本体感及视听功能有关。儿童之间的社交不是只会说话就行，更多的社交是在游戏中进行的，要想很好地参与到游戏中，儿童要学会运用自己的身体，也就是前面所说到的本体感中的身体概念。对自己的身体要有一定认知，其次视听功能要发展良好，听别人介绍游戏规则，视觉看物品，对一些物品有一定的判断，才知道规则是怎样的，我要怎么去进行操作和配合等。

（5）和家庭环境有关，父母陪伴少。父母的陪伴有助于孩子心理安全感的建立，如果父母有一方经常缺席或家庭环境不和睦，就不利于儿童心理健康的发展，也会影响孩子的社交能力。

十五、为什么孩子害怕声音，对声音比较敏感？

听觉敏感是指儿童对某些领域的声音或一些噪音的耐受度很低，听到的声音就像经过放大器一样，传到儿童内耳处非常刺激，会给他们造成很大的痛苦，引发情绪上的波动或明显的逃避，如双手紧紧捂耳朵。而听觉敏感也是感统失调的一种表现形式，感觉统合失调是一种常见的神经系统发育障碍，表现为身体感觉器官无法正常接收、处理和解释来自外部环境的信息，从而影响儿童对外界感觉信息的反应，可能就会导致感觉反应过大或感觉反应不足，孩子对声音的敏感度过高，可能就会对日常生活中的正常声音感到不适或过度反应。

父母可以先了解儿童到底抗拒哪些声音，再循序渐进给予儿童不同的听觉刺激，一点点让儿童接受，同时也要适当增加儿童的触觉刺激经验，尤其是先进的触觉经验。原始触觉系统更多强调的是感知，如感受冷、暖、疼痛；而先进触觉更多强调的是触觉的区辨，感受挤压、振动、路径、定位、形状等。儿童对外界环境和事物的辨别越细微，越能掌握事物的属性，内心安全感就会越充足，在极度安全的状态下，也能减少儿童的焦虑，进而改善触觉系统，听觉敏感度问题也会得到改善。

十六、为什么孩子会踮脚尖走路？

【并不是所有儿童走路踮脚尖都有问题，要看儿童年龄和踮脚的频率，4 岁以前出现是比较正常的，因为在这个年龄阶段儿童下肢身体意识还没有完全建立起来。但为了避免儿童养成这种不好的行为习惯，家长可做注意力转移，如带着儿童玩木头人游戏，或引导儿童坐在小椅子上玩桌面游戏等。若儿童年龄处于4岁之后，走路还是频繁性的踮脚尖，家长就需要辅助儿童做改善和纠正。】

当儿童出现踮脚尖走路的时候，我们可以清晰地看到，身体的重量全部压在脚尖的部位，前面部位也就是脚尖部位要承受全身的重量，脚后跟的部位会进行牵拉，在牵拉的过程中会产生大量的本体刺激输入。而本体系统的主要作用是要建立起对自己身体形象的认知，身体各个部位的本体信息传入大脑以后，就会形成大脑对身体形象的认知或者能够建立起身体意识，在这个过程中，我们就会清晰地了解到身体各个部位的位置信息与状态信息，换句话说，我想要使用我的身体，必须要先了解我的身体，我要知道四肢的位置，建立起对大脑与身体的联系，这样的话，大脑对身体的掌控就会越来越精准，执行力也就越强，动作也就越准确。

儿童身体意识的建立，主要是从上到下，从近端到远端的顺序进行发展的，若儿童下肢的意识没有完全建立起来，大脑对下肢的掌控是迷糊不清的，儿童就会采取代偿的方式，走路踮脚尖，前脚掌感受重力的深压，后脚跟进行牵拉，产生强烈的本体刺激输入，能让大脑快速感知到下肢的身体部位。

还有一种情况，儿童在过度兴奋或者焦虑、有压力的时候也会出现踮脚尖的现象，因为本体刺激可以缓解焦虑与压力，对儿童的不适状态有调节的作用。

因此，如果踮脚尖的表现是在 4 岁以前，家长就不用过于担心，转移儿童注意力即可，如果 4 岁以后还有踮脚尖的情况，儿童身体运用能力就需要加强，特别是下肢的运用，一般这一类儿童动作比较笨拙，就需要通过加强本体刺激进行调节，比如爬山、上下楼梯、踢球这些活动进行改善。

十七、为什么孩子喜欢尖叫?

对于孩子的尖叫有很多种原因，第一种是有目的性的尖叫：如吸引你的关注，表达自己的开心，或是表达不满的一种情绪表现，这种情况下家长尽量做安抚。如果是在公众场合时，把孩子抱到一个相对安静的地方，等孩子情绪慢慢舒缓后，再做肢体拥抱或语言安抚。

若孩子是无目的性的尖叫，甚至在没有外物刺激的情况下也会频繁发生，那么他的尖叫可能不是喊给你听的，而是喊给自己听的，他在进行自我刺激，在进行感觉刺激的寻求，这是一种听觉的代偿行为。什么是听觉代偿呢？比如说开长途汽车的司机，为了预防自己犯困，会去听节奏感较强的音乐，而在这个过程中，就是通过听觉感觉的代偿来促进大脑神经激活度，使自己保持清醒。有一些儿童就会通过尖叫这种听觉的刺激，来惊醒自己的大脑。

为什么会出现听觉代偿的情况呢？主要原因还是触觉系统发展不足造成的。触觉系统是近端感觉系统，而听觉系统是远端感觉系统，人类发展原则就是从近端到远端，也就是说近端感觉系统发展成熟，远端感觉系统才能保持稳定，若儿童出现远端感觉系统代偿行为，我们就要寻找近端系统的问题了，而听觉和触觉同属于时间代码，因此触觉系统不足时听觉就会有代偿。

我们可以清楚地看到，在进行大型活动玩耍的儿童都很兴奋，这个阶段，所有的感受器都被激活了，儿童有停不下来的感觉，甚至有尖叫的行为。我们再看一下在沙坑里面玩沙的儿童，都很安静，这个时候获得了大量的触觉刺激，他就不需要用听觉进行代偿，所以一旦儿童出现兴奋尖叫的情况，我们首先看到的是儿童触觉系统的功能。家长可以给儿童买一些五谷放在容器中，让儿童双手伸进去抓一抓，或者被动地给儿童做深压觉方面的刺激，进行丰富的触觉刺激，给中枢提供感觉营养，保持中枢稳定，儿童尖叫的行为自然也会慢慢减少。

十八、为什么孩子喜欢闻被子？

儿童如果出现了特别喜欢闻被子，甚至去触摸被子或毯子，家长首要考虑的就是孩子在寻找熟悉的气味，寻找安全感以起到安抚自己的作用。儿童闻被子或喜欢闻某些气味，大多都是温和不刺激的味道，如淡淡的香味，衣服上面洗衣液的味道等。同时这一类的刺激大多是儿童比较熟悉的，没有较大危害性的，这种气味一般属于安抚类的味道。反之强烈的气味，这些孩子可能就不大能接受，如洋葱、辣椒那种带有极度刺激的味道。当孩子需要被安抚的时候，若带养人没有第一时间安抚到他的情绪状态，孩子可能就会寻求能安抚自己的感觉刺激，如闻被子的气味，有的孩子可能还会存在吃手、咬衣领的动作等。

所以家长在带养孩子的过程中，一定要多陪伴，多进行高质量的互动，加强亲子安全感。给予孩子充足的安全感，就会大大降低孩子感觉寻求的行为。

十九、为什么孩子喜欢看旋转的物体？

儿童喜欢看旋转的物体，比如风扇、冲水的马桶，很多时候容易被判定为 ASD，那 ASD 的儿童有没有这种行为？答案是有，但这并不是 ASD 特有的行为表现，针对这种行为，我们要分析造成这种行为的原因：

孩子喜欢看旋转的物体，其实是一种视觉代偿的行为，寻求这种视觉刺激来激活大脑的过程，视觉寻求的行为与认知理解是无关的，他只是通过这种行为来维持大脑正常的激活度。

视觉属于远端感觉系统，主要的作用是对外部空间的细节进行处理，前庭系统属于近端感觉系统，主要的作用是处理自己与外界环境的关系。例如把人比作是一辆小汽车，视觉系统就好比是汽车的倒车影像系统，前庭系统就好比是倒车雷达，如果前庭系统发展不足，倒车雷达坏了，只能依靠倒车影像进行空间位置的判断，所以前庭系统发展不足，会过多使用视觉系统，就会出现视觉代偿的行为。

如果儿童出现了视觉代偿的行为，我们可以通过加大前庭刺激的输入来进行改善。

二十、为什么孩子睡前爱摸家长的身体?

儿童睡前爱摸家长的身体，特别是妈妈的身体，我们需要分析造成这种行为背后的原因：

（1）这种行为主要与儿童情感上的需求有关，特别是对妈妈情感上的需求，儿童会保持与主要带养人之间的接触，通过触摸家长的身体，能够感受到亲近以及被保护的感觉，这种接触在某种意义上可以增进亲子间的情感互动，并帮助建立亲子安全感。

（2）在母亲体内时，胎儿被羊水包围，出生后这种持续的触觉环境消失，儿童会本能地寻求类似的安全感，通过触摸来满足这种需求。

（3）摸家长身体就类似于吮吸手指或者安抚奶嘴，对儿童来说是一种自我安抚方式，帮助他们调节情绪，减轻焦虑，进入安静状态，以便于入睡。

如果出现了这种情况，我们可以适度做一些触觉刺激，比如手法按摩或用触觉刷、指压板进行触觉按摩，弥补儿童触觉刺激不足的情况。

二十一、为什么儿童爱摸生殖器?

【儿童触摸自己的生殖器，通常在幼儿阶段就会出现，很大一部分原因是幼儿在探索自己的身体，同探索周边环境的感觉寻求是一样的。另一原因可能是外在感觉信息无法调节，心理压力过大，而产生的一种自我安慰的行为，因为触摸生殖器能给儿童带来舒适或愉悦的感觉，就像吸吮手指或抱毛绒玩偶一样。针对第二种情况，从感觉统合的角度进行解析，可以着重看以下两方面：】

（1）这种感觉刺激属于一种本体的刺激，因为涉及施力，本体系统将接收到的感觉刺激传递到边缘系统，可以帮助儿童平复情绪，同时本体刺激能够激活副交感神经，抑制交感神经，也能使人保持安静平和的状态，缓解儿童的紧张与焦虑。

（2）儿童从认知这个世界开始，并不是无忧无虑的，这个过程中，会有很多焦虑与恐惧，未知的东西有很多，如何去缓解呢？家长或主要带养人可以提供保护，如果靠自己的话，可能无法完全缓解，就需要与家长抱一抱获得被动的触觉刺激，获得深层次的触觉。而儿童抚摸生殖器，也是一种深层次的触觉感觉寻求，以获得心理安慰。

针对这种情况，可以使用加大触觉刺激输入的方式来改善，如玩沙子、玩水、玩泥巴等，同时家长也可以进行抚触按摩；或进行一些对抗类的本体刺激活动。

二十二、为什么孩子能坐就坐、能躺就躺、弯腰驼背？

能坐就坐，能躺就躺，弯腰驼背，外显“肌无力”，长此以往不但影响儿童的体姿体态，也不利于儿童在动态活动中的身体运用及姿势控制，造成做事情拖拉，动作执行不准确，笨拙等。其影响最大的两个系统：

（1）本体系统不足，本体觉接收器可以不断地接收来自身体各部位的感觉信息，当我们做出一个姿势时，需要身体各部位的肌肉共同协作，才能维持这个姿势。在这个过程中，本体觉对肌肉变化的感知信息会传递给中枢神经系统，中枢神经系统才能准确掌控肌肉的变化，进而更好地协调肌肉的共济收缩，完成对姿势的控制。

（2）前庭觉感知不良，前庭觉作为人体感觉系统的重要组成部分，对儿童的姿势控制、平衡能力乃至整体发展具有深远的影响。前庭觉又称平衡觉，主要通过内耳中的前庭器官感知头部的位置信息和运动状态，感知身体所处的空间位置状态，并将这些信息传递给大脑进行处理。当儿童进行站立、行走、跑步等活动时，前庭器官不断接收来自头部位置和运动状态的信息，并通过神经传导至大脑。大脑根据这些信息调整肌肉张力、关节活动以及眼球运动等，以确保身体保持稳定的姿势和平衡状态。前庭觉还能调节儿童的姿势反应。当身体处于不稳定的状态或身体没有在中线位置时，前庭器官会迅速感知并产生相应的信号。这些信号通过神经传导至大脑后，会触发一系列的姿势调整反应，如调整重心、伸展或收缩肌肉等，以恢复身体的稳定状态。

当前庭觉系统发育不良或失调时，会影响儿童的姿势控制和维持，使儿童不能及时觉察到身体所处的空间位置及状态，对各个部位的控制能力就会存在障碍，影响抗重力肌肉群的激活，不能调整身体重心、伸展或收缩肌肉等，儿童的表现就会是能躺则躺、能靠就靠，坐姿、站姿出现问题，长久下去自然就会变得弯腰驼背。

二十三、为什么孩子在家里爱制造声音?

孩子在家要么扔东西，要么拍桌子，要么自己尖叫，总之要通过各种形式去制造一些声音。一般出现这种情况，我们可以从以下几个维度进行解析：

首先要从触觉系统去解读，触觉系统与听觉系统同属于时间代码，在能力发展中会有互补的情况，也就是说当一方系统发展不足时，另外一个系统就会超强度被使用和解读外界信息。例如我们的左右手，当右手受伤不能工作时，只能频繁使用左手以达到相同的目的。所以当触觉刺激不足的时候，大脑会让听觉出现代偿性的寻求，对外界环境声音刺激过分地寻求，获得相对较多的听觉刺激，目的是协调触觉刺激不足的情况，进而出现制造声音的情况。

其次儿童之所以喜欢在家里制造声音，从感觉刺激的角度解读，声音属于一种听觉的刺激，儿童感觉刺激不足的时候，大脑的激活程度就会降低，为了提升大脑激活度，就会寻求更多感觉刺激，因此就会出现制造声音的情况。

遇到这种情况，如果只是一味地阻止，反而会诱发儿童进一步制造声音的动机，使制造声音的频率提高，家长可以适当转移儿童注意力，如喊儿童帮你做件事情，从其他事物上输入感觉刺激，转移孩子大脑的精力，或拿孩子喜欢玩的玩具转移他的注意力，不要强化他的行为。

针对儿童喜欢制造声音的情况，家长也可以多做触觉刺激输入，被动给予儿童触觉抚触或深压觉方面的刺激，生活中减少包办和代办，让儿童多使用自己的身体去做一些力所能及的事情，同时也要多增加儿童户外活动的机会，让儿童接收受感官的感觉刺激。

二十四、为什么孩子在家中爱开关灯？

孩子在家只要看到开关按钮就不停地去按，甚至不分场合地去按，怎么说都不听。儿童在进行开关灯的时候，有一种光线变化的视觉刺激，开关灯时还有听觉的刺激。如果他特别喜欢做这个动作，我们要从以下两方面原因去解读：

第一，开关灯是视觉方面的感觉寻求。视觉是属于远端感觉系统，主要的作用是对外部空间的细节进行处理，前庭系统属于近端感觉系统，主要的作用是处理自己与外界环境的关系。前庭系统是负责侦测近端空间，视觉是负责侦测远端空间，他两同属于空间代码，两个系统共同配合才能更好发展空间感。前庭系统如果发展不足，就会过分依赖另一个空间代码——视觉系统的使用，也就会频繁出现视觉方面的感觉寻求。同时触觉系统发育不足，又会进行听觉系统的寻求，因此，出现开关灯的情况，主要是由于近端感觉系统中的触觉、前庭系统发展不足造成的。

第二，处于认知探索阶段，儿童到 2 岁后，就会有很强的探索欲，遇到什么都会问："这是什么?"看到家长做什么事情，他也会跟着模仿，对周围环境的一切都充满探索的欲望。开关灯就是一个直观的实验对象，因为它提供了一个即时的反馈——向下或向上按下开关，灯就会亮或灭。这种即时的反馈满足了儿童的好奇心，让他们体验到控制环境的乐趣，同时在这个过程也能理解到因果关系，因为按了按钮，所以灯会亮或灭。若儿童的年龄是处于 3 岁左右，那么家长就不用过于紧张，耐心引导，给儿童讲按钮开关的正确使用时间即可，什么时候要把灯打开，什么时候要关闭灯光。在家中家长也可以在需要灯光或关闭灯光的时间点引导儿童让他去按开关按钮，同时讲明你需要灯光或关闭灯光的原因，加深儿童对这方面的认知和理解。

二十五、为什么孩子多愁善感、闷闷不乐是与缺乏运动有关?

学龄前的儿童如果缺乏运动，总是会表现出容易紧张、闷闷不乐的状态，这主要取决于感觉统合底层能力的发展，即触觉、前庭觉以及本体觉的发展，触觉是0~4岁，前庭觉是3~7岁，本体觉是4~8岁。运动与这三大系统的关系十分密切，我们经常说，只要运动就会调用这三大系统，在运动的过程中，前庭要负责对空间位置的变化进行处理，本体要通过大脑对肌肉、肌腱、关节、韧带进行控制与调节，并做出相应反馈，只要存在运动，就会获得大量的感觉刺激包括前庭、触觉、本体的感觉刺激，儿童感觉统合能力就能得到发展。触觉稳定，儿童情绪状态更加地稳定；前庭系统稳定，能够让儿童保持合理的觉醒程度；本体系统发展好的儿童，身体概念更加成熟，对自身身体了解清晰，身体运用也会更加协调，胆量自信心也会得到提升，也会更加的乐观自信。

运动量不足的儿童，在各个系统的激活上就会存在障碍，触觉发展不足，就有可能造成情绪控制调节能力不足，会因为小事发脾气；前庭发展不足，就有可能造成觉醒度异常，整体状态就有可能处于低迷的水平；本体发展不足，对自身掌控能力不足，就不够乐观自信，进而出现多愁善感、闷闷不乐的情绪。

从另外一个角度来讲，通过运动可以获得大量的本体刺激，可以促进人体分泌五羟色胺以及多巴胺这两种重要的神经递质，它们在大脑中发挥着关键作用，影响着情绪和行为，五羟色胺及多巴胺也称为快乐因子，大脑分泌越多，人就会变得越快乐，因此儿童多愁善感、闷闷不乐与运动量不足相关，遇到儿童闷闷不乐，家长可以适度增加一些运动，循序渐进，可以改善儿童多愁善感、闷闷不乐的状况。

二十六、为什么孩子人来疯、喜欢夹腿？

孩子人来疯、喜欢夹腿不只是行为抑制的问题，也有可能和孩子的心理压力有关，内在调节不了，只能通过外在行为动作释放出来。

很多的家长听到压力两个字，就感觉压力是不好的，其实压力也分正向压力和负向压力。比如哭、生气、不开心、焦虑，这些是负向的压力；开心、兴奋，甚至某种程度兴奋的人来疯，就是比较典型的正向压力。正向压力是好的，但如果过激也不是好事，也就是说，我们可以开心，但也不能太嗨。而在负向压力来临时，大多数人表现就是愤怒、不开心等，但有部分儿童还有一种情况是比较喜欢夹腿，这也是儿童在有负向压力以及比较焦虑的时候，可能会出现的行为。为什么会有这些动作呢？主要的原因还是由于本体刺激不足，无法缓解压力与焦虑，所以人来疯的儿童与喜欢夹腿的儿童都会面临紧张、焦虑与压力，只不过面临的压力是两个方向的。

人来疯的儿童，主要是正向的压力；喜欢夹腿的儿童是负向的压力。出现这些行为的儿童，会有一个典型的特征，就是运动量不足，也就是本体刺激输入不足。运动的过程中会有施力与受力的产生，通过施力与受力释放五羟色胺，让人愉悦，情绪状态能够得到调节。很多人都面临过压力与焦虑，有的年轻人选择跑步或去健身房，老年人选择去按摩、做推拿等，小朋友生气就会又踢又打，其实这些都是通过本体刺激输入缓解压力与焦虑的表现，因此对于人来疯和喜欢夹腿的儿童就可以多输入一些本体系统的刺激，像走、跑、跳、推拉重物等。

二十七、为什么孩子比较执拗？

生活中是否遇见这样的孩子，做事情单一，只有一种想法且不允许改变，俗称“一根筋”，遇到什么事情特别执拗，难以变通，可能和以下两方面原因有关：

如果孩子是处于2～4岁阶段，家长就不用过于紧张，可能是孩子到了执拗敏感期阶段。教育家柳洪平提出，这个时期的孩子会表现出强烈的意愿，想要按照自己的想法和意图行事，对环境的秩序和规则有着近乎强迫的需求，如果想法或者行动受到限制，就可能会引发强烈的情绪反应，如发脾气、哭闹等，在这个阶段他们就是享受做事情的过程而不是结果。所以家长保持耐心和理解，同时教会他们一些基本的生活技能和自我管理的能力，帮助他们顺利度过这一敏感期就可以。

也可能和触觉系统发育不太完善有关，在母体中，触觉系统已经形成，也是在子宫内最早发育的感觉系统之一，人类在胚胎时期，共有内中外三层，其中最外层就发育为脑神经细胞与皮肤（触觉系统），若触觉系统发育不足，脑神经细胞激活就不足，大脑神经网络的构建就会受到影响。如果把大脑比作整个城市，触觉系统好比是城市的道路，触觉系统越完善，城市的道路越多，城市运转就越高效，触觉系统越不足，道路就越少，就像汽车只能走城市某一条道路一样，信息只能通过比较单一的传导通路传递。这一类型的儿童外在的表现也就比较执拗。如果家长发现孩子做事情不单是执拗，还伴随有其他行为方面的问题，如情绪控制特别差，容易打人或者过于敏感、排斥接触新的环境和事物、对物体质地区辨能力差等，可能孩子触觉存在一定的障碍，家长就需要注重孩子触觉系统的改善和发展了。

二十八、为什么孩子语言发育迟缓和感统有关?

在了解语言发育迟缓与感统之间关系之前，家长首先要知道什么是感觉统合，了解感觉统合自然就明白，当感觉统合出现障碍时，儿童语言将会受到怎样的影响。感觉统合是指大脑有效地整合来自身体各部分（包括视觉、听觉、触觉、前庭觉和本体觉等）的感觉信息，使儿童在认知、行为和学习上表现出良好的状态。各感受器对外界感觉信息接收不良，就会限制大脑机能的发展，而脑功能不足，语言功能区自然也会受到影响。感觉统合发展不足对儿童语言发展影响主要有以下几方面：

1. 语言信息输入受限

触觉防御过强或反应迟钝的儿童可能会排斥与他人的密切接触，在社交互动中可能表现出退缩、不合群等行为特征。他们可能会排斥参与集体活动或与他人交流，而人类语言的发展就是在不断的运用中进行精进的，儿童过于排斥集体活动，就会缺乏语言素材的获取及模仿他人语言表达的能力，从而会使他们接触和学习语言的渠道受到限制。缺乏社交互动，儿童的语言环境和语言材料的丰富性都会受到影响，进一步加剧他们的语言发育迟缓。

2. 影响语言理解和表达

大脑语言中枢有多个区域，其中听觉语言中枢——韦尼克区，对语言理解至关重要，而前庭系统激活有助于信息的分化，让信息处理起来有顺序，有逻辑，进而提升韦尼克区对语言的理解，若前庭系统不良，就会造成儿童无法将听到的语言信息与视觉、触觉等其他感觉信息整合起来，就无法形成对语言内容的全面理解。也会造成儿童在表达语言时出现逻辑混乱、语句不通顺等问题。

3. 影响构音机制的发展

大脑语言中枢中的运动性语言中枢——布洛卡区，会将韦尼克区的信息处理成相应的言语运动程序，然后传到与头面部运动相关的皮质，皮质启动唇、舌、喉肌运动而形成言语。而在感觉统合能力中，若本体觉失调，儿童在感知和控制自己身体动作方面就会存在障碍。这种障碍可能就会影响到他们的基础运动，即唇、舌、下颌部这些部位的协同运动会受到影响，就会影响儿童发音的准确性和流畅性。发音是语言输出的重要组成部分，需要精细的肌肉控制和协调。本体觉失调的儿童可能难以掌握正确的发音技巧和语调变化，从而影响他们的语言表达能力。

要知道，我们想要理解一句话，不能仅凭听觉听取声音，而是要调动全身的感官知觉。比如将听到的词汇与视觉图像相匹配，或者在背景噪音中理解语言，通过语气、声调、表情来解读对方表达目的等。若儿童存在感觉统合困难，处理语言信息的感知能力就会非常差，可能在视觉识别文字时遇到挑战，影响阅读理解，同时，处理和执行多步口头指令也很困难，最终造成儿童语言表达存在困难或语言逻辑混乱。

二十九、儿童注意力不集中是什么原因？

【有没有在孩子身上看到这些表现：经常愣神发

呆，小动作多，好动，坐姿站姿不良，容易东倒西歪，指令回馈不佳或听完就忘，话痨爱讲话等，这些都是注意力不集中的常见表现。儿童注意力的能力受多方面因素的影响，有外在因素环境及习惯的影响，也有内在因素包括生理因素，自身身体状况等的影响。】

下面我们就对各个方面进行解析。

（1）身心状态影响注意力状态。饮食营养不足，睡眠不足，运动不足等。集中注意力是一个比较耗费体力、心力的过程，如果儿童身心状态不佳，大脑能力不足，注意力必然会受到影响。

（2）外在环境干扰。幼儿期核心带养人总是无意间干扰儿童专注地做一件事情，造成儿童没有养成专注力的习惯。

（3）感觉统合障碍。

1）前庭觉发展不良。由于前庭的主要功能就是帮助大脑过滤辨识信息，孩子的视听学习都和前庭觉息息相关，前庭觉发展不良，孩子的信息处理就会混乱造成专注力差。

2）触觉系统发育不足。触觉是神经组织最重要的营养，是大脑对外界反应的基础，触觉系统发展不良，孩子大脑对外界信息的辨别能力就会降低，容易受到环境干扰而造成的专注力差。

3）本体觉发展不足。本体觉发展不足的孩子自身控制能力比较弱，身体的姿势维持也会比较差，尤其体现在孩子上课坐姿方面，常常通过不断的动去调整自己的姿势，这种好动就会分散孩子大脑的精力，也会间接影响到孩子的专注力。

4）视听能力发展不足。视觉在哪里，专注力就在哪里，视觉不稳定或听觉抑制背景声音的能力达不到，也会影响孩子的专注力水平。

所以针对儿童注意力不集中的现象要具体问题具体分析，找到问题的根本，从环境、习惯培养、能力提升各方面做针对性的改善，才能有助于儿童注意力能力的提升。

三十、孩子说话不清、大舌头是怎么回事？

“吃饭”说成“吃换”，“哥哥”说成“的的”……口齿不清，说出的话也很难让别人听得懂。儿童出现这种情况大多和以下因素有关：

（1）构音器官生理缺陷。比如舌系带过紧或过短、唇腭裂、咬合不正等情况，出现口齿不清的可能性极大。

（2）口腔肌肉锻炼不足。有些家长对孩子过度溺爱，从小让孩子吃流食，或添加辅食较晚、较少，都会导致孩子口腔肌肉张力不足，那么唇部、舌部、下颌这些构音器官之间的协调运动就会受到影响，尤其是舌部的运用对发音清晰度的影响是最大的。

（3）听觉系统发展不良。听觉是进行语音感知最重要的器官，只有先进行正确语音的辨识和感知，儿童才能发出正确的语音。若听觉系统因为某些原因（比如外伤、耳疾、听觉器官受到破坏等）导致传入的声音与实际的声音不同，儿童听不准音，自然也就无法正确模仿，导致发音学习受到影响，出现口齿不清的情况。

（4）受语言环境影响。儿童学话的主要途径是靠模仿，如果儿童周围的成人说话含混不清，儿童说话也会说不清。

三十一、为什么孩子走路不稳，总爱摔跤？

【天气不好，路面湿滑的时候，孩子容易摔跤；大人疏忽，洒在地面的汤水、油渍没有及时清理的时候，孩子容易摔跤；路况不好，地面凹凸不平的时候，孩子容易摔跤这些都是正常的情况。即使在正常环境下，孩子走路也是不平稳，经常摔跤是怎么回事？】

如果出现这种情况，可能和以下几方面因素有关：

（1）肌肉张力与骨骼支撑力不足。骨骼是帮助人体维持平衡（姿势）的重要结构，肌肉是帮助人体变换姿势的重要结构。骨骼、肌肉越强壮，其支撑力就越强，身体就越能够维持平衡姿势。

（2）前庭刺激不足，肢体平衡能力差。如果前庭觉刺激不足，导致大脑无法迅速、正确地对外界环境刺激做出良好的适应性反应，那么身体也就无法取得大脑的正确指令做出协调动作，无法在运动中让身体保持平衡，从而容易出现摔跤的现象。

（3）视觉空间感、视觉聚焦能力不足。在爬行敏感期内没有获得充足爬行体验的孩子，特别容易出现视觉空间感和视觉聚焦能力不足的情况。而视觉空间感不成熟的孩子，会因为掌握不好自身和环境中人、事物的相对距离、方向和位置，容易有眩晕的感觉而摔跤；视觉聚焦能力不足的孩子，又常常会因为无法看清人、事物的正确位置，导致上下楼梯的时候容易踩空或即使看到障碍物也还会被绊倒而摔跤。

（4）眼球不灵活，视觉广度不够。特别是长时间看电视玩电脑后，孩子的眼球容易变得不灵活，视觉广度会变窄，从而导致他们对外围环境的差异观察力不够，结果就容易因为注意不到平地的障碍物或坑洞被绊倒或摔跤。

（5）本体觉发展不成熟。本体觉不成熟，身体协调能力、身体控制能力就不好，孩子就难以掌握身体与环境之间的关系，难以做出适切的环境互动行为，经常摔跤就是其典型表现之一。

虽然孩子在成长过程中，摔跤是不可避免的，但摔跤的次数太频繁，绝对不是好现象，因为这可能代表着孩子的感觉统合状态不太好，不利于孩子日后应付更多的日常活动。所以，对于剖宫产、爬行不足、父母限制过多、户外活动太少同时又经常摔跤的孩子，家长一定要多加用心，及早帮助孩子改善，避免对孩子未来的成长带来负面影响。

三十二、孩子胆小爱哭是什么原因？

【有这样一些孩子，他们胆小不爱说话，遇见陌生人就躲到家长身后或搂紧家长；常常躲到角落里一言不发，大气不出，躲躲闪闪；不敢上台自我介绍或表演节目；怕黑，怕与妈妈分开睡；怕打雷，怕巨大的声响；怕虫子，怕动物；性格懦弱，内向害羞；常常被人欺负，且不敢还手；遇事儿经常大惊小怪；经不起挫折动不动就哭。】

从表面上看，孩子胆小爱哭主要是因为以下 5 种原因：

（1）孩子的生活圈子太小，特别是老人带养的孩子，出门少，接触人少，一旦进入陌生环境就会缺乏安全感。

（2）家长对孩子事事包办，限制太多，导致孩子缺乏实践经验，自主能力弱，依赖性强不敢参与集体活动；家长经常吓唬孩子，如对孩子说再哭就让老虎吃了他，让孩子失去了安全感，变得胆小怯懦。

（3）家长脾气暴躁，动不动就对孩子发脾气，会让孩子变得越来越谨小慎微。

（4）家长看不到孩子的闪光点，总是否定孩子，让孩子越来越不敢相信自己的能力。

（5）孩子胆小爱哭还有一个比较深层次的原因，那就是触觉敏感。触觉是整个大脑神经通路的基础，触觉不足，人体的神经通路就不通，很多能力就达不到，很多事情孩子做不到，当然就容易畏惧退缩，显得胆小爱哭。

三十三、孩子脾气大，动不动大哭大闹是怎么回事?

孩子脾气大，总是动不动就大哭大闹，情绪还容易急躁，可以从以下几方面进行分析：

（1）和带养方式有关。很多家长对孩子太过溺爱娇惯，令孩子产生唯我独尊的心理，结果只要有任何的不满足，他们就会胡乱发脾气。

（2）受家庭氛围的影响。家长本身就比较急躁，喜欢发脾气，结果孩子耳濡目染，也很容易变得性格急躁。

（3）触觉发展不足。早在人类的胚胎时期，触觉就已经是神经体系最重要的营养了。人类的胚胎一共有 3 层，其中，内层将来主要会发展为内脏，中层将来主要会发展为骨骼肌肉，外层则主要形成皮肤和脑神经细胞。也就是说，从生命形成之初，触觉和神经系统就是一体的，触觉的敏锐程度，将直接影响到大脑的辨别能力、身体的灵活度和情绪的好坏。

出生之后，一直到半岁的6个月里，是孩子触觉发展的一个重要阶段，在这个阶段，如果父母能够为孩子做足全身的按摩抚触工作，那么日后他们在各方面的发展（包括身体协调、情绪控制和内脏功能等）都会比较好。反之，一旦孩子此时的触觉系统还未发展完善就直接下沉到内脏、肌肉、骨骼等身体深处形成本体觉，那么等他长大后就很难再弥补回来，彼时要困扰他的可能就不单单是触觉敏感所带来的情绪问题，还会有身体能力不足（如动作不灵活、不协调）导致的极度不自信。

第十二章　预防感统失调　家庭训练计划

【越来越多的儿童出现感觉统合失调，给生活以及学习造成很多的困难与障碍，比如出现了注意力不集中、爱动、小动作不断、有寻求行为等，甚至有一些儿童出现了入学困难，当发现这一类型儿童感统失调的时候，已经错过了最佳训练时期，因此，针对感统失调的早期预防就十分关键。下面的训练方法，可以帮助更多的儿童远离感统失调的困扰。】

一、感觉统合训练需遵守的原则

【感觉统合训练是想怎么练就怎么练的吗？当然不是，盲目的练，缺乏方向的练，只会耽误孩子的成长，感统训练要有针对性的去做，才能更大程度地帮助到

孩子。】

在给孩子做感统训练时，有几项重要原则需遵守：

（1）增加丰富的感觉刺激。导致儿童感统失调重要原因是感觉输入不足，感觉刺激不足，大脑功能就不会被正常激活，神经元就不会连接形成脑网络，所以，感觉统合训练首要就是加强感觉的输入，重点以前庭觉、触觉和本体觉三大系统输入为主。

（2）以评估作为治疗介入的依据，要以儿童感觉统合的评估结果为主。

以刚刚好的内驱力挑战游戏为主的原则，感觉经验、儿童主动参与的游戏和顺应性反应，顺应性反应也就是根据身体以及大脑以往的感觉及动作经验，针对发生的事情做出有目的的行为，这三个要求要同时具备，通俗解释就是设计的方案不能过难，也不能过于简单，要以儿童以往经验为基础增加一些难度，让他稍稍努力就能做到的训练为主。

（3）家园共建原则。在训练中家长也要积极投入到治疗中，在家做好配合，家园共育才能更好促进儿童发展。

二、抬头、翻身训练

【抬头和翻身是儿童早期发展中非常重要的里程

碑，是坐、爬、站、走等更复杂运动技能的基石，也为后续的大运动能力发展提供了必要的身体控制和平衡感。同时这些动作也需要大脑和神经系统之间的协调，对于神经系统的成熟也至关重要。】

以下是练习儿童抬头和翻身的训练方法，可供老师或家长学习：

1. 抬头训练

（1）训练目的：锻炼儿童颈部支撑力，促进儿童头部控制，提升视觉稳定及专注力。

（2）适宜对象：走路容易低头，头部不稳定，头部倾斜的儿童。

（3）针对年龄：2～10岁。

（4）操作方法：儿童俯爬在安全垫上，双腿自然并拢，腹部及以下部位着地，手臂分开与肩同宽，手臂伸直，上身尽力挺直，头部抬起尽力向上看，上臂和头颈保持直线，老师坐于儿童正前方位置，手拿波波球在儿童面部正上方移动，儿童转动头部跟随波波球移动。

（5）训练量：20～25秒钟为一组，练习5～8组。

2. 翻身训练

（1）训练目的：锻炼儿童颈部、肩部及躯干力量，提升儿童身体运用及姿势控制力。

（2）适宜对象：躯干没有力量，坐姿不端正，身体稳定性差，注意力不集中的儿童。

（3）针对年龄：2～10岁。

（4）操作方法：儿童仰躺在地垫上，双手十指交叉放于脑后，呈抱头状，双腿并拢伸直，用力向一侧进行翻滚，翻滚过程中头引颈，颈引肩，肩部进行双侧的协调运作带动躯干做出翻滚的动作。

（5）训练量：20～25秒钟为一组，练习5～8组。

三、肌肉力量和耐力训练

【生活中有没有遇到这种类型的儿童：不喜欢运动，动不动就躺在地面上或半躺在沙发上，坐无坐相，站无站相，做什么活动都是软绵无力。这其实就是儿童典型的肌肉耐力不足。身体肌肉没有力量，对于需要长时间持续输出力量的活动，儿童就不能完成。像上下楼梯、长时间站立或行走等。】

以下是练习儿童下肢、四肢躯干肌肉力量的训练方法，可供老师或家长学习：

1. 跳跃八角造景积木

（1）训练目的：锻炼儿童大肌肉力量、身体稳定性及本体感发展。

（2）适宜对象：上下肢肌肉力量不足，身体协调运用能力不足的儿童。

（3）针对年龄：2～10岁。

（4）使用教具：八角造景积木4、沙包1。

（5）操作方法：

2～4岁：1层八角造景积木摆放一竖列，每组之间距离50厘米，儿童依次双脚跳到八角造景积木上，站在八角造景积木上保持身体稳定，再双脚跳到地面上。

4～6岁：八角造景积木每2个叠加在一起，摆放一竖列，两组之间距离50厘米，儿童依次双脚跳到八角造景积木上，站在八角造景积木上保持身体稳定，再双脚跳到地面上。

6岁以上：八角造景积木每2个叠加在一起，摆放一竖列，两组之间距离50厘米，儿童膝盖处夹一个沙包，依次双脚跳到八角造景积木上，站在八角造景积木上保持身体稳定，沙包不掉落，再双脚跳到地面上。

训练量：2～4岁10～15分钟；4～6岁及6岁以上15～20分钟。

2. 倒爬

（1）训练目的：锻炼儿童核心肌肉和四肢躯干支撑力。

（2）适宜对象：肌肉没有力量，做事软弱无力，极其不喜欢运动的儿童。

（3）针对年龄：2 ~ 10 岁。

（3）使用教具：玩具 1 盒、八角造景积木 5 个。

（4）操作方法：

2 ~ 4 岁：儿童头仰望状，胸腹部朝上，四肢支撑地面，慢慢向前爬行。

4 ~ 6 岁：儿童手脚爬行到终点处，拿一个玩具，再保持头仰望状，胸腹部朝上，四肢支撑地面，将玩具放在胸腹部位置，倒爬回起点。

6 岁以上：八角积木摆放一竖列，每组之间距离 60 厘米，儿童保持头仰望状，胸腹部朝上，四肢支撑地面，绕障碍 S 弯爬行到终点处，将一个玩具放在胸腹部位置，再从障碍物旁边直线倒爬回起点。

（5）训练量：2 ~ 4 岁 10 ~ 15 分钟；4 ~ 6 岁及 6 岁以上 15 ~ 20 分钟。

四、姿势控制和维持训练

【姿势维持控制是在儿童运动能力基础之上进阶的能力，是儿童在静止或动态的过程中身体外在形式表现，其中肌力耐力是姿势维持控制的支撑，为一个动作能持续维持输出力量，若儿童姿势维持不佳，就会影响身体协调运用，也会影响动作输出的准确性。】

以下是练习儿童姿势控制和维持的训练方法，可供老师或家长学习：

1. **踩踏石**（图 12－1）

（1）训练目的：训练身体姿势控制能力、上下肢协调能力、膝关节灵活性，提升自信心和抗压能力。

（2）适宜对象：本体觉发展不良、平衡能力弱、注意力不集中和协调性弱、大肌肉发展不良者。

（3）针对年龄：4～10 岁。

（4）教具拿放：将踩踏石两端的绳子调整好，使用后缠绕绳子，放在收纳盒。

（5）操作方法：将踩踏石放在地上，将绳子调成左右高度一致，双手提紧绳子双脚依次站于踩踏石上保持平衡站立，在行进过程中保持绳子始终拉紧靠近身体。

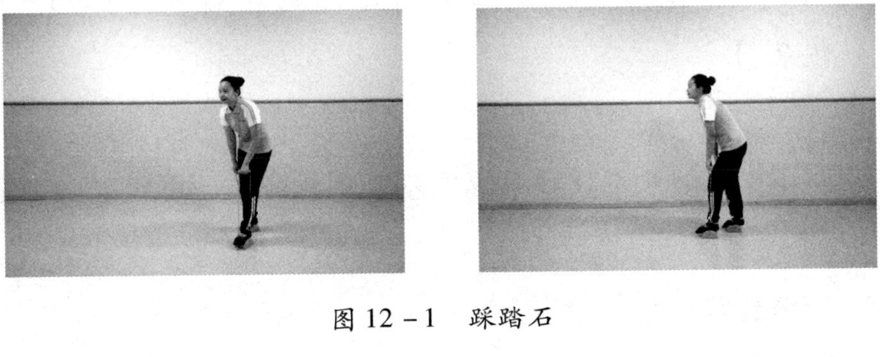

图 12－1　踩踏石

（6）训练量：一般为 15 分钟以上。

（7）注意事项：儿童将鞋子脱下，可以光脚踩在踩踏石上或穿防滑袜踩在踩踏石上。

五、呼吸系统训练

【呼吸系统是语言发展的动力源，呼吸系统运用不佳或支撑不足也会造成儿童言语发展存在障碍，影响语音输出的音色、音调和音量。同时呼吸系统也给身体提供相应能量，这些能量为运动提供支撑，而身体肌肉的随意运动，也可以提升呼吸肌群的发展，呼吸肌群发展成熟呼吸系统也会得到提升，所以说运动和呼吸系统是相互影响的。因此在训练儿童呼吸系统发展时，不能只借助某些口肌训练教具进行吹或吸的练习，也要结合一些有氧运动，如有节奏持续的跑步或向上爬楼梯训练，以便更快速地提升呼吸系统的发展。】

以下是练习儿童呼吸系统的基础训练方法，可供老师或家长学习：

1. 节奏跑

（1）训练目的：锻炼儿童呼吸系统，促进儿童语言表达的流畅性。

（2）适用对象：呼吸系统支持运用不足，说话声音小或发尖音的儿童。

（3）针对年龄：2～10岁。

（4）使用教具：哨子1个。

（5）操作方法：儿童在原地有节奏地进行原地踏步跑，家长可在一旁辅助喊1—2—1，或者有节奏的吹哨子，带着儿童有节奏的原地踏步跑。

（6）训练量：2～4岁10～15分钟；4～6岁及6岁以上15～20分钟。

2. 滚动棉球

（1）训练目的：锻炼儿童唇部封闭性、呼吸系统。

（2）适用对象：呼吸系统支持运用不足，唇部运动不足，发音困难的儿童。

（3）针对年龄：2～10岁。

（4）使用教具：棉球10、吸管1个。

（5）操作方法：棉球放于桌面上，老师提前指定一个位置，引导儿童双唇含着吸管的一端，将吸管的另一端对着棉球，用力吹动棉球，依次将棉球吹到指定的位置。

（6）训练量：连续吹6～10次为1组，练习5～8组。

六、核心肌肉训练

【人体的核心肌肉群包含颈部、肩部、腰腹、胯部等部位。核心肌肉群稳定了，儿童运动时就有发力的支撑点，运动能力的强弱首先就取决于机体是否有良好的核心肌肉群力量。同时儿童的坐姿、站姿及身体的协调和运用，核心肌肉群也会参与其中。】

以下是练习儿童核心肌肉的训练方法，可供老师或家长学习：

1. 俯卧伸展

（1）训练目的：锻炼儿童核心肌肉力量，提高身体姿势的维持和稳定性。

（2）适用对象：身体肌肉没有力量，姿势维持不住，爱动的儿童。

（3）针对年龄：2～10岁。

（4）操作方法：

2～4岁：儿童俯趴在安全垫上，腹部贴近地面，双手支撑在地面上，肘关节不能弯曲，头抬起向上看。

4～6岁：儿童俯趴在安全垫上，双手向前伸平，双脚并齐，双腿伸直，做静态小飞机姿势，双手和双脚同时抬起离开地面，头向上抬。

6～8岁：儿童仰躺在安全垫上，双手放于胸前交叉，双腿并拢伸直，上身缓慢坐起，坐起的同时双腿弯曲抬起，膝关节弯曲呈90度，做仰卧屈曲动作。

（5）训练量：20～25 秒为 1 组，也可根据儿童自身能力程度逐步增加秒数，每练习一组可休息一会儿，每天练习 10～15 分钟。

2. 小推车爬行

（1）训练目的：锻炼儿童核心肌肉力量，提高儿童身体运用能力及上臂力量。

（2）适用对象：身体肌肉没有力量，姿势维持不住，爱动的儿童。

（3）针对年龄：2～10 岁。

（4）使用教具：双砖 5 块、手印 6 对。

（5）操作方法：

2～4 岁：家长双手握在儿童腿部两侧的膝关节处，儿童双手支撑地面，慢慢向前爬行，爬行过程中家长控制儿童双脚不掉落在地面上。

4～6 岁：将双砖竖着摆放一竖列，每块双砖之间距离 50 厘米，家长双手各握紧儿童的脚踝处，儿童双手支撑地面，绕着双砖进行 S 弯爬行。

6 岁以上：手印左右摆放，家长双手紧握儿童的脚踝处，儿童双手支撑地面，按照手印进行爬行，每次向前爬行时双手都要放在手印上。

（6）训练量：2～4 岁 10～15 分钟；4～6 岁及 6 岁以上 15～20 分钟。

七、身体协调和稳定训练

【身体协调运用能力是儿童成长过程中，在基础运动和姿势控制良好的基础上完成身体各方面的运用能力，身体协调运用能力要求儿童能够对身体概念及功能有熟练的掌控，才能对身体动作肌群的使用时机、变换方向、变换速度以及运用的准确性有很高的感知控制力。若身体协调和稳定不足，就会影响儿童动作执行的效率，很多孩子做事情拖拉磨蹭和身体协调运用不足也有关。】

以下是练习儿童身体协调和稳定的训练方法，可供老师或家长学习：

1. 脚踏车训练（图 12－2）

（1）训练目的：训练孩子双侧协调性、前后左右的协调能力、膝关节灵活性、身体肌肉控制能力和肌肉信号的输入，提升自信心和运动能力、逻辑思考能力和大肌肉的发展。

（2）适用对象：注意力不集中、多动、视觉追踪弱、身体协调不佳、不自信、平衡感和膝关节灵活度不足的儿童。

（3）针对年龄：3 岁半至 10 岁。

（4）教具拿放：双手五指并拢，虎口微张，抓住脚踏车两侧竖放在腹部位置，再摆放在地面上。

（5）操作方法：将脚踏车平放在地上，先踩低的再踩高的，站在脚踏车上，上身保持正直，双臂侧平举，双脚交替用力向前踩踏，行走中眼睛目视前方，熟练之后可以进行倒骑。

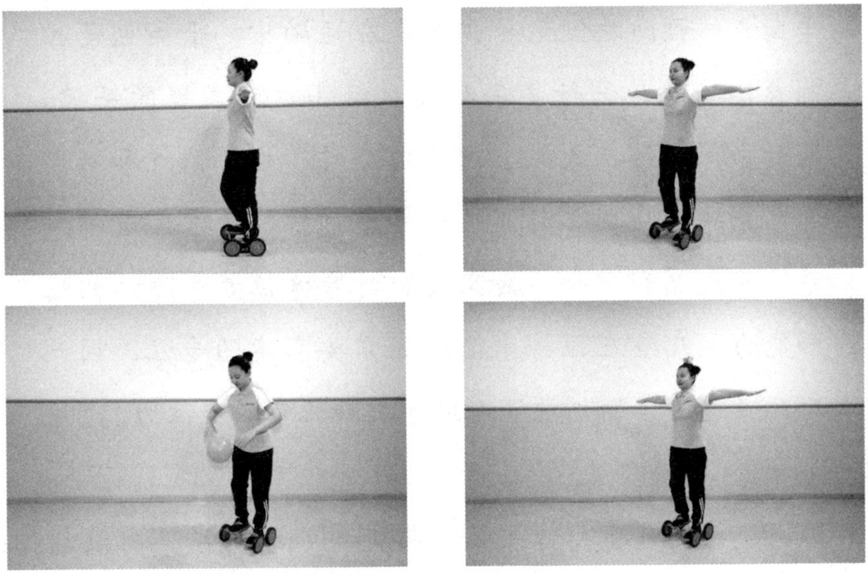

图 12－2　脚踏车训练

（6）训练量：应至少保证 15 分钟，根据孩子的能力进行制定。

（7）注意事项：

1）儿童刚开始学习的时候，教师需要进行辅助，儿童熟练后教师再慢慢撤去辅助。

2）儿童骑行如果不稳，教师需要在后方进行保护，以防止儿童向后摔倒。

八、身体平衡和控制训练

【平衡能力对人类发展有很重要的影响。在日常活动中，当身体重心出现偏离时，身体可以找回到这个平衡点，预防跌倒免受伤害。在运动中，平衡也是控制身体姿势、进行复杂动作和提高运动表现的关键。同时平衡还涉及大脑、内耳前庭觉、视觉系统和肌肉骨骼系统的协同工作，通过平衡训练，可以促进神经系统的成熟和整合，提高大脑对身体位置和运动的感知能力。儿童在维持平衡时还需要高度的专注，因此对儿童进行平衡训练还有助于提升儿童的专注力。】

以下是练习儿童身体平衡和控制的训练方法，可供老师或家长学习：

1. 平衡台（图 12－3）

（1）训练目的：训练孩子双侧协调能力、平衡能力、身体控制力，提高肌肉控制能力和注意力。

（2）适宜对象：协调性弱、注意力不集中、关节灵活性弱、平衡感弱、触觉敏感的儿童。

（3）针对年龄：3 岁半至 10 岁。

（4）教具拿放：双手握着平衡台两侧，轻拿轻放。

（5）操作方法：将平衡台放于地上，先踩低的后踩高的，站于平衡台上，然后双臂侧平举，上身保持正直，眼睛目视前方，双脚交替进行踩踏。

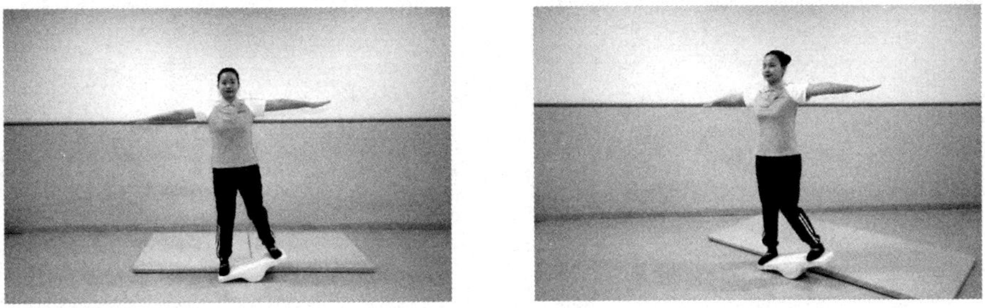

图 12－3　平衡台

（6）训练量：一般为 15 分钟以上。

（7）注意事项：

1）在平衡台后方铺设安全垫，防止儿童向后方跌倒时摔伤。

2）儿童袜子脱下，光脚踩在平衡台上。

2. 坐独脚凳、穿珠（图 12－4、图 12－5）

（1）训练目的：强化本体觉，锻炼平衡感、姿势控制力与手部精细动作。

（2）适宜对象：注意力不集中、平衡感弱的儿童。

（3）针对年龄：3 岁半至 10 岁。

（4）使用教具：独脚凳、珠子、绳子。

（5）操作方法：让孩子坐上独脚凳，在保持平稳不跌落的前提下，完成从地面捡起珠子并穿到线上的动作。

图 12－4　坐独脚凳

图 12－5　穿珠

（6）训练量：每次训练 15 分钟。

九、大运动训练

【大运动能力能促进儿童身体发育，包括骨骼、肌肉力量、身体反应灵活性等，为儿童的健康成长奠定基础。大运动能力的发展也与大脑神经元的连接和大脑区域的成熟有关，对儿童的认知和学习能力也至关重要。而且通过大运动活动，儿童可以学习空间关系和因果关系，例如，通过钻爬和奔跑，儿童可以理解空间大小和速度的概念。同时大运动能力的提升也有助于增强儿童的自信心和提高社交技巧，在前期，儿童的社交活动大多都是运动类的活动游戏，在运动游戏中儿童学会了合作和竞争，这些都是社交技能的重

要组成部分。】

以下是练习儿童大运动能力的训练方法，可供老师或家长学习：

1. 万象组合训练（图 12－6）

（1）训练目的：促进基本动作发展、组合使用，提升运动企划能力和身体协调性。

（2）适宜对象：协调性弱、肌力肌耐力不足、大肌肉群发展不足的儿童。

（3）针对年龄：2 岁半至 10 岁。

（4）使用教具：体能棒、体能圈、棒夹、沙包、平衡板、单方砖、双方砖、手脚印、八角造景积木。

（5）操作方法：将蓝板和双砖进行组合，再将小体能圈夹在双砖中间的缝隙中，儿童双脚交替在蓝板上走平衡，也可手拿短棒，短棒上面放一个乒乓球，一只手拿短棒端着乒乓球在蓝板或八角造景积木上走平衡，保持乒乓球不落。

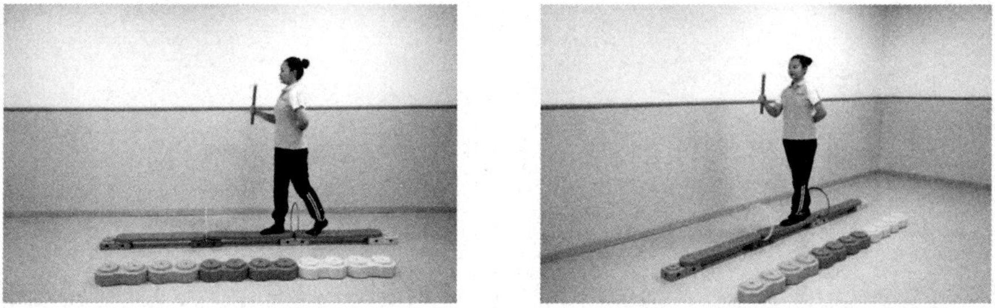

图 12－6　万象组合训练

（6）训练量：一般为15分钟以上。

（7）注意事项：注意教具摆放的间距，防止由于教具摆放距离过近，导致儿童磕碰在教具上。

十、精细动作训练

【精细动作能力是指个体凭借手以及手指的小肌肉群的运动，在感知觉、注意等心理活动的配合下完成特定任务的能力。精细动作的发展对于儿童的能力发展有着重要的影响，手部精细动作能力对儿童的书写、学习能力的影响十分重要。因此，通过手部控制能力、手部稳定、手指灵活度、双手配合等方面的训练，可以帮助儿童提升注意力等高级功能。】

以下是练习儿童精细动作的训练方法，可供老师或家长学习：

1. 串珠

（1）训练目的：锻炼儿童手部精细动作、触觉感知和专注力。

（2）适宜对象：精细动作运用不足，动手能力差，易分心的儿童。

（3）针对年龄：2～10岁。

（4）操作方法：

2～4岁：儿童盘腿坐在地面上，双手的拇指和食指钳捏式配合进行串珠。

4～6岁：儿童盘腿坐在地面上，戴上眼罩，家长帮儿童递珠子，儿童双手的拇指和食指钳捏式配合进行串珠。

6岁以上：儿童盘腿坐在地面上，双手的拇指和食指钳捏式配合进行串小米珠，熟练后，给儿童戴上眼罩，家长帮儿童递珠子，儿童进行串小米珠练习。

（5）训练量：2～4岁10～15分钟；4～6岁及6岁以上15～20分钟。

2. 夹物练习

（1）训练目的：锻炼儿童手部稳定能力和专注力。

（2）适宜对象：动手能力和专注力不足的儿童。

（3）针对年龄：2～10岁。

（4）操作方法：

2～4岁：家长将1盒花生摆放在儿童面前，让儿童用食指和拇指捏镊子，将花生一粒一粒地夹出来，放在空的盒子中。

4～6岁：家长将1盒玉米粒和1盒红豆摆放在儿童面前，让儿童用食指和拇指捏镊子，将玉米粒一粒一粒地夹出来，放在空的盒子中，然后家长再将两种物品混合在一起，让儿童将红豆一粒一粒夹出。

6 岁以上：家长将 1 盒绿豆和 1 盒小米粒摆放在儿童面前，让儿童用食指和拇指捏镊子，将绿豆一粒一粒地夹出来，放在空的盒子中，然后家长再将两种物品混合在一起，让儿童将小米粒一粒一粒夹出。

（5）训练量：2～4 岁 10～15 分钟；4～6 岁及 6 岁以上 15～20 分钟。

十一、爬行训练

【早期的爬行是 8 大姿势重要的训练方式，这是由于在爬行的过程中，可以促进身体四肢骨骼肌肉的力量，提升对抗重力的能力，同时，爬行过程中还可以促进大脑双侧分化的能力。身体有了力量，就可以确保身体姿势更加稳定，身体也更加协调，促进低级中枢对身体姿势的调节更加高效，减少高级中枢神经系统分散更多的精力参与姿势调节，进而促进高级功能的发育。】

以下是练习儿童爬行的训练方法，可供老师或家长学习：

1. 彩虹伞、阳光隧道（图 12－7）

（1）训练目的：调动孩子积极性，提高孩子视觉追踪和视觉辨识能力。

（2）适宜对象：适应能力慢、神经激活度低的儿童。

（3）针对年龄：2 岁半至 5 岁。

（4）教具摆放：按照要求将彩虹伞或者阳光隧道叠放/收放整齐，放置在教具收纳箱内。

（5）操作方法：彩虹伞一般用在开课热身环节中，阳光隧道可以用于大运动组合训练中，可以在热身环节，将所有孩子引导坐在教室中间位置，教师将彩虹伞展开，缓慢盖在所有孩子的身上，然后再缓慢抬起彩虹伞。

图 12－7　彩虹伞、阳光隧道

（6）训练量：根据孩子的能力制定时间，一般 15 分钟以上。

（7）注意事项：

1）使用彩虹伞的时候，防止儿童在上方奔跑、行走，以防止跌倒。

2）使用阳光隧道的时候检查外观是否完好，防止铁丝刮伤儿童。

2. 四分之一圆、二分之一圆训练（图 12－8）

（1）训练目的：锻炼孩子身体双侧分化及四肢的协调性。

（2）适宜对象：协调性弱、重力安全感不足的儿童。

（3）针对年龄：2 岁半至 10 岁。

（4）教具拿放：搬运时需要将教具拿起，不可在地面上推动教具。

（5）操作方法：将教具结合在大运动中。如将二分之一圆放成拱桥状，引导孩子进行手脚爬行，从二分之一圆拱桥形的一端爬行到另一端。

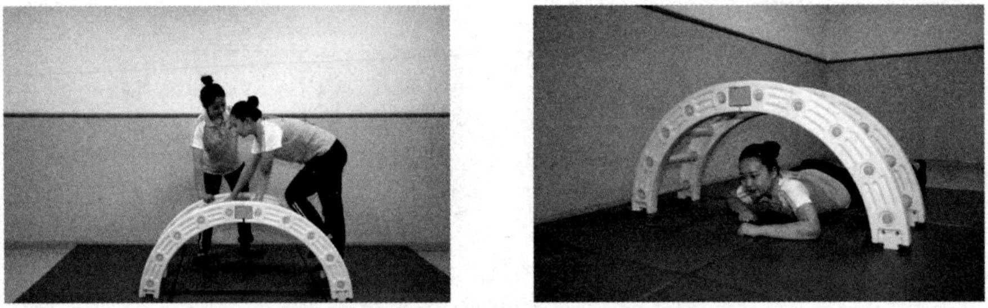

图 12－8　四分之一圆、二分之一圆训练

（6）训练量：一般为 15 分钟以上。

（7）注意事项：

1）使用前需要检查螺丝是否松动，如有松动，应及时进行调整；

2）使用时，下方应铺设安全垫。

十二、跳跃奔跑训练

【奔跑和跳跃是8大姿势比较核心的内容，在奔跑的过程中是重心转移、身体协调、身体灵活以及姿势转换较好的训练，同时跳跃是对抗重力、肌肉爆发、身体控制能力、平衡能力很好的训练形式，通过对跑与跳跃技能的掌握，可以提升身体姿势控制以及肌力肌耐力，使大脑能够掌控自己的身体，可以发展出胆量与自信心以及良好的身体运用能力，为注意力、抗挫抗压等高阶能力做准备。】

以下是练习儿童跑、跳的训练方法，可供老师或家长学习：

1. 羊角球跳跃训练（图12-9）

（1）适用对象：注意力不集中、好动不安、腿部肌肉力量不足、内腔能量不足的儿童。

（2）训练目的：刺激前庭固有平衡感，提升身体控制能力和双侧协调性，提高上下肢协调能力。

（3）针对年龄：3～10岁。

（4）教具拿放：应将教具摆放在教室空旷位置，拿取时，需要抓住两个小羊角。

（5）操作方法：孩子坐在羊角球上，双手抓着羊角球两侧羊角，背部挺直、头部稳定、目视前方，腿部用力进行原地跳跃，熟练以后可以向前跳跃。

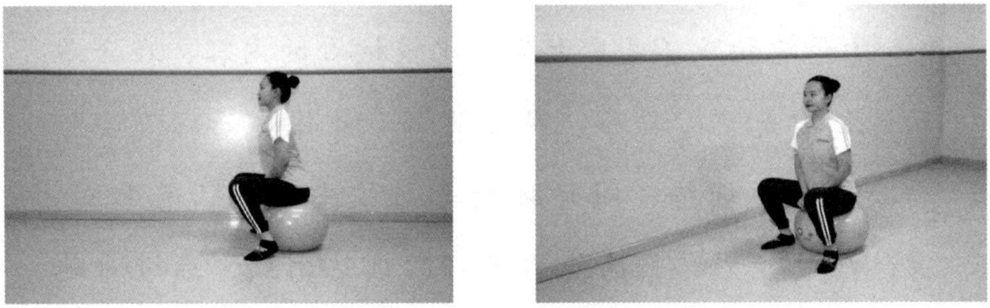

图12－9　羊角球跳跃训练

（6）训练量：至少保证15分钟，根据孩子的能力制定数量。

（7）注意事项：

1）教师一定要提醒孩子双手抓紧羊角，背部挺直、头部稳定、眼睛向前看。

2）初学者或者感统严重失调者，教师可以站在孩子身后进行辅助，防止儿童向后摔倒。

2. 跳袋训练（图12－10）

（1）训练目的：训练孩子上下肢协调能力，肌肉爆发力，帮助建立身体形象（地图），改善本体感发展不足及触觉发展不良，提升胆量和自信心。

（2）适宜对象：敏感、不自信、注意力不集中、抗挫能力弱、协调性弱的儿童。

（3）针对年龄：3～10岁。

（4）教具拿放：将跳袋拿出，放在地上穿上，使用完毕后叠放整齐，放置在收纳盒内。

（5）操作方法：孩子坐于地上，将跳袋撑开双腿放入跳袋中，双手抓紧跳袋两边的绳子站起来，在跳跃过程中保持跳袋两侧的绳子提紧不能松手。

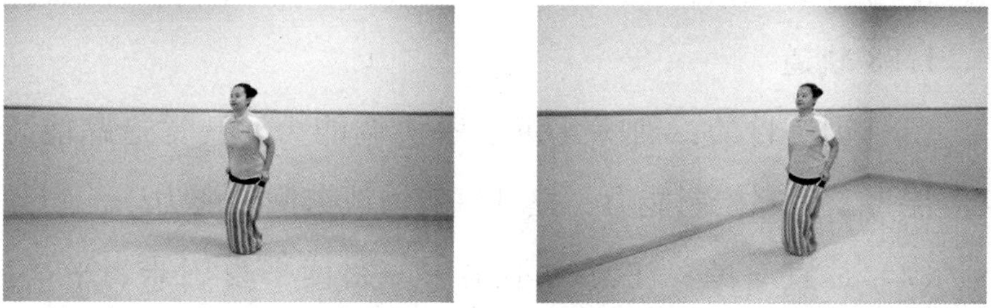

图12－10　跳袋训练

（6）训练量：一般为15分钟以上。

（7）注意事项：

1）使用跳袋的过程中，注意儿童跳跃速度不宜过快，教师应在儿童后方做保护，以防止儿童向后跌倒。

2）跳跃障碍物时，应在外周铺设安全垫。

十三、视听训练

【视觉系统的发展与儿童的注意力以及学习能力密切相关，视觉稳定性关乎儿童的注意力。视觉的运动能力及视觉分辨、视觉记忆等能力与儿童的学习息息相关，因此视听训练对于感统失调儿童也是一项重要的训练内容。】

以下是练习儿童视听系统的训练方法，可供老师或家长学习：

（一）视觉系统

1.88 轨道

（1）训练目的：训练儿童手眼协调能力、视觉追踪能力、反应能力、手部控制能力，提升注意力改善阅读能力。

（2）适宜对象：注意力不集中、阅读书写困难、平衡感差、手部控制能力弱的儿童。

（3）针对年龄：5～10 岁。

（4）教具拿放：双手拿着88 轨道两侧耳朵，打开使用，合上放置在收纳盒内。

（5）操作方法：儿童盘腿坐于地面，然后双手抓88 轨道耳朵把轨道放平，转球放在88 轨道上，当球过半时拉合轨道，保持小球滚动不掉下来。

（6）训练量：根据儿童的能力制定数量，一般10分钟以上。

（7）注意事项：使用88轨道时，注意儿童手拿的位置，防止夹伤。

2. 气球

（1）训练目的：提高儿童手眼协调能力、视觉追踪能力。

（2）适宜对象：手眼协调差、学习能力不足的儿童。

（3）针对年龄：3~10岁。

（4）教具拿放：使用完毕后，应将气球放气，扔进垃圾桶。

（5）操作方法：可以进行原地向上拍球，要求气球需要超过头顶；升级操作方法可以进行边拍气球边走小路（将八角造景积木摆放一竖列）；或头顶气球。

（6）训练量：一般为15分钟以上。

（7）注意事项：进行过程中需要确保周边无障碍物，防止儿童摔倒。

（二）听觉系统

1. 铃铛、鼓、锣

（1）训练目的：提高儿童听觉定向、听觉区辨、记忆的能力。

（2）适宜对象：听觉注意不佳、听觉学习能力不足的儿童。

（3）针对年龄：3~10岁。

（4）教具拿放：使用完毕后，应将教具放置在教具收纳箱内。

（5）操作方法：可以进行听节奏参与大运动或者单项活动，比如敲一下铃铛/鼓/锣，走一次小路或者跳跃一次；也可以引导让儿童进行听觉的区辨，选择两种听觉类教具，让儿童戴上眼罩，给不同的声音进行编号，然后让儿童进行区辨。

（6）训练量：一般为15分钟以上。

（7）注意事项：进行过程中保持环境的安静，防止存在过多干扰源。

2. 大小体能圈

（1）训练目的：提高儿童听动统合、听觉区辨。

（2）适宜对象：听觉注意不佳、听觉学习能力不足的儿童。

（3）针对年龄：4~10岁。

（4）教具拿放：使用完毕后，应将教具放置在教具收纳箱内。

（5）操作方法：将大小体能圈交替摆放，然后根据教师的指令进行跳跃大小体能圈，可以按照教师说“1”跳跃小体能圈，教师说“2”跳跃大体能圈。

（6）训练量：一般为15分钟以上。

（7）注意事项：进行过程中保持环境的安静，防止太多干扰源。

第十三章　预防感统失调　远离带养误区

【0～12 岁是儿童感统能力发展的关键期，而家庭又是孩子早期成长的主要场所，所以，家庭环境直接影响着孩子感觉统合发展的状态。不利的家庭环境与剖腹产和爬行不足一样，是引起现代儿童感统失调的主要因素。有相当多的孩子，本身感觉统合的发展并没有问题，却因为家长的错误带养，或家庭当中的一些不利因素而逐渐出现了感统失调的情况，甚至越来越严重。在以往经验中，我总结出了大部分家长常犯的一些错误，希望各位家长能得到启发。】

一、容易导致感统失调的家庭环境

常见的不利于儿童发展的生活环境大多有以下几方面：

（1）小家庭化。家庭成员少，带孩子去户外活动和接触其他人的机会也少。孩子接触的人，尤其是同龄人非常有限，能够获得的感觉刺激不足，而感觉刺激又是大脑最重要的营养，营养不足大脑机能自然也会下降，儿童发展能力就会受限。

（2）家长过分讲究卫生。有洁癖的家长，不仅把家里收拾地一尘不染，对孩子要求也非常严格，吃饭不能撒桌上，更不能用手抓饭吃，不许坐在地板上，各种各样的限制，导致孩子的感觉学习大大受限。而在 6 岁之前，孩子如果没有获得大量、丰富的感觉刺激，大脑就没有过多机会去不断地整合加工处理信息，感觉统合能力自然发展不好。

（3）家长对孩子使用电子产品不限时间。长时间看电视、看手机的孩子，因为眼睛一直追随屏幕上跳动的画面，眼部肌张力一直处于比较高的状态，当他转而去观看周围静态的环境时，就会不适应，而且儿童经常保持静止不动的状态看电视，不利于前庭系统的发展，后期容易导致儿童变得好动不安、注意力不集中。

（4）家长购买学步车和婴儿车。孩子长期待在学步车、婴儿车内，身体的活动范围会被大大缩小，尤其是在孩子的爬行敏感期内。如果过量使用婴儿车、学步车，很容易导致孩子爬行不足；此外，孩子过量使用学步车还会导致孩子养成走路依赖物体的习惯，不会自主学习控制，走路可能会晚些；即使孩子真的依靠学步车学会了走路，他也会因为学步车滑动的速度太快，两条腿不得不用力蹬地往前走，很容易形成O型腿、X形腿以及踮脚走路的怪异姿态。这些都会造成儿童基础运动来得晚，来得慢一些。

（5）家庭关系不睦。家庭成员关系不睦，比如夫妻关系不和、婆媳有矛盾等，常常会导致家庭气氛过分紧张，给孩子的身心带来无形的压力。

（6）家长带养方式不当。过度保护或包办过度，都会限制儿童能力的发展，大脑功能发展的原则就是用进废退，被包办过度，限制过度，则不思考，不计划，不进行语言沟通，长久下去各方面能力就会慢慢退化，孩子的自主性、独立性，学习认知能力等就会出现问题。

二、父母多陪伴

父母的陪伴对儿童发展具有深远而全面的影响，主要表现在以下几个方面：

（1）安全感的建立。父母给予儿童良好的陪伴可以促进儿童安全感的建立，这也是儿童心理发展的基础。父母积极互动给予孩子情感上的反馈，也有利于儿童形成积极的自我认知和稳定的情感。

（2）有助于社交技能的培养。父母是孩子的第一任老师，儿童只有先学会与父母之间的互动、交流与分享，积累一定经验才能更好地与他人进行社交互动。

（3）有助于认知与语言发展。频繁的亲子互动，包括读书、对话和共同探索等，能促进儿童词汇量的积累和词义的理解，有助于儿童认知和语言的发展。

（4）行为榜样作用。我们常把父母和儿童比成原件与复印件的关系，儿童通过观察父母的行为，学习社会规则、道德标准和价值观。

（5）有助于儿童自信心与独立性的培养。父母适当的鼓励和肯定，会给予儿童足够的自信心，当儿童面临一些挫折和挑战时，也会更加有自信去挑战和解决。

（6）影响儿童情绪的发展。父母日常的情绪管理，也会影响儿童对自我情绪控制的能力。

（7）影响儿童学习的态度。研究显示，父母参与到儿童学习过程，给予儿童支持和鼓励，能培养儿童主动学习的积极性。

综上所述，父母的陪伴对儿童的心理情绪、学习认知、社交技能、学习习惯等各个维度都有很大的影响，父母的陪伴在儿童成长道路上是不可或缺的。

三、电子产品对大脑的危害

【相关数据统计显示：8～12 岁儿童看屏幕时间总计为 4～6 小时，青少年看屏幕时间超过 8 小时。若不

合理控制儿童使用电子的产品时间，终将会影响孩子大脑的发育。】

我们的大脑天生喜欢新鲜的事物。这就是为什么任何闪亮的东西都会立刻吸引我们的注意力。这也是为什么儿童那么喜欢看动画视频，每个动画都会给大脑带来多巴胺刺激，作为一种奖励，多巴胺会伴随着每段新内容的出现而不断飙升，让儿童沉迷其中，欲罢不能。然而，这种持续的刺激也是有代价的。美国心理协会的研究表明，长久观看视频会缩短我们的注意力持续时间。看视频或动画的时候，儿童的注意力是碎片化的，会不停地进行跳转，长久下去就会造成儿童更难专注于阅读或深入学习等更长的任务。但是，这还不是它对大脑造成的全部影响，实际上还有其他一些影响。

影响儿童的记忆力。随着时间推移，这些动画或视频内容转瞬即逝的特性会让我们的大脑难以正确编码信息，儿童在看动画的过程，多巴胺会快速刺激大脑，但实际大脑接收的内容会像水蒸气一样蒸发掉。简单来说，儿童虽然会被当下所看的电子内容逗得很开心，但记住实际内容的能力可能会下降。

造成大脑局部萎缩。2013 年的一项核磁共振研究表明，网络游戏成瘾会导致额叶皮层的结构性萎缩。而额叶皮层位于中央沟以前，在运动的准备、计划、执行、记忆及其他认知加工等方面起着十分重要的作用。2018 年的另一项研究表明，每天使用智能手机超过7小时的9～10岁儿童的大脑会出现明显的萎缩。

减少儿童社交互动活动，影响社交。看电子产品会提高儿童的参与度，但它也会使儿童上瘾，动画及短视频的设计就是为了吸引儿童尽可能地参与其中。儿童在观看的过程中会乐此不疲，从而忽视生活的其他方面，不愿出去社交，不愿活动等，这会形成一种恶性循环，严重影响儿童做事情的独立能力及社交能力。

四、接触大自然、多运动

【对人类发展来说，大自然就是第二位“母亲”，它有强大的磁场，能吸收掉你所有负面的能量，能减少你的紧张和焦虑，让人感到心旷神怡。同样，对于一个正在发展中的孩子来说，大自然所馈赠的一切都是丰富的感觉刺激，也是大脑所需最重要的感觉营养，可以刺激儿童大脑神经元的发育，提升儿童的智力和学习力，反之一个活动空间受限的儿童，从他的身上你就会发现，缺失了儿童该有的灵气。】

经常接触大自然，将会对儿童的发展带来哪些好处呢？在这里总结出了核心的3点：

（1）多带儿童接触大自然进行户外运动，对儿童大脑发育有很大的益处。儿童在自然界中看到的花、草、树木，听到的虫叫、鸟鸣，感受到的风和温暖的太阳等，给儿童提供了视觉、听觉、触觉、本体觉、前庭觉多个系统丰富的感觉刺激，各感受器源源不断地接受感觉刺激给大脑提供的感觉营养，促进神经元连接形成脑网络，激活大脑功能，这也是为什么亲近大自然较多的儿童在身体运用和反应灵敏度方面都比较快速，而且也比较聪明，同时丰富的感觉刺激也能降低感觉统合失调的概率。

（2）亲近大自然有利于儿童身心健康。在保证安全的情况下让儿童爬树、钻洞等，闻闻泥土的香味，摸摸大树的树皮及地皮，能激发儿童想象力和探索力的发展，在运动中还能发展儿童平衡及身体协调的运用能力。

（3）孩子接触大自然进行户外运动时，还可以培养其独立、勇敢、坚韧的品格。隔绝儿童与外界环境的接触或户外活动较少，就等同于剥夺了儿童的感觉刺激，那么后期就很有可能会导致儿童出现感觉统合失调的问题。

五、多接触同龄玩伴

【与同龄玩伴的互动对儿童的社会、情感、认知和身体发展都有积极的影响，是儿童成长过程中不可或

缺的一部分，家长和教育者应鼓励和支持儿童与同龄人的健康互动，为他们提供安全的社交环境。】

儿童语言和社交能力都是和同龄玩伴玩耍中不断精进和发展的，多让儿童接触同龄玩伴还有利于儿童以下能力的发展：

（1）有利于社交技能的发展。在与同龄玩伴互动中，儿童可以学习到社会交往规则、合作与分享、解决问题、自然地学习轮流、等待、协商等社会行为，对他们日后建立和维护人际关系至关重要。

（2）有利于情感发展。儿童与同龄人相处能体验到友情、同情、竞争、失落等情感，有助于他们对情感的认知。

（3）提升儿童的语言能力。通过与同龄玩伴之间的对话、玩游戏讲规则、角色扮演等活动，儿童可以学习新词汇、复杂句式，同时在设计游戏规则时，也能促进想象力和思维逻辑能力的发展。

（4）有利于儿童运动能力和身体协调能力的发展。在追逐打闹跑跳中，能促进儿童大肌肉和动作技能的发展，还能增强体质。

综上所述，多让儿童接触同龄玩伴，对儿童社交、情感、认知、身体运用等能力的发展都是非常有益的，家长或带养人应该多鼓励、支持或给儿童提供参与同龄人活动的机会，促进儿童更全面的发展。

六、减少包办，培养孩子独立能力

【在以往给儿童做测评中，通过了解他们的生活环境及父母的带养方式，总结出这些失调儿童所存在的共性原因：大多都是生活环境单一，缺乏丰富的感觉刺激，家庭带养过程中包办、代办、限制过度。】

环境单一，儿童很少和环境发生关系，很少与外界进行互动，主动获得感觉输入的机会少，接收的都是被动的感觉输入，都是家长和看护者准备的感觉输入。但我们的大脑喜欢主动的感觉输入，不喜欢被动感觉输入，久而久之主动的感觉输入缺失，大脑功能就不能被激活，神经元就不会连接形成脑网络，大脑功能就会下降，不思考，不计划，身脑之间配合能力也会下降。同时触觉和本体系统都是机械型的感受器，只有不断地经历和运用，才能激活这些感受器，儿童先进触觉的辨识能力才会不断精进，对外界环境的区辨及事物属性质地才能更好掌握。家长减少包办和代办，让儿童多独立运用自己的身体，儿童的身体概念才会发展成熟，对自身各个部位的功能有认知才能进行身体的协调运用，所以要想杜绝儿童出现感觉统合失调的问题或促进儿童感觉统合能力的发展，家长一定要有意识培养儿童的独立性，减少包办和代办的行为。

七、家庭环境对孩子的影响

【家庭环境对儿童的成长有着极其深远的影响，它塑造了孩子的性格、行为、情感、健康、社交能力、认知发展以及对事物的看法。】

以下是家庭环境对孩子影响的几个关键领域：

个性的形成。家庭是儿童最早接触的社会环境，父母及家庭成员的言行举止、态度、价值观等，会深刻影响儿童的性格形成和习惯。比如，一个充满爱、尊重和积极鼓励的家庭环境，有利于培养儿童自信、阳光、开朗的性格；而家庭氛围紧张、缺乏交流的环境，儿童就会变得害羞、胆小、内向、不自信等。

心理健康。家庭氛围对儿童的心理健康至关重要。一个稳定、温馨、充满爱的家庭氛围能够提供给儿童安全感，促进其亲子情感的培养；相反，冷漠、忽视或紧张的家庭环境可能引发儿童的压力、抑郁、焦虑等心理问题。

认知能力发展。家庭教育资源、父母的教育水平和教育方式直接影响儿童的认知发展和学习动力。丰富的阅读材料、教育玩具、积极的教育互动能够激发儿童的好奇心和探索欲，促进认知能力的发展。

社交能力发展。家庭是第一个社交的场所，通过家庭成员之间的互动，儿童会学习社交的方式与方法，并积累社会化的经验，进而应用到更多的社交场景。

八、禁止溺爱，防止骄纵

【在孩子成长的道路上，存在着一个爱的陷阱，就是父母对孩子的过分爱护和宠溺，掉进这个陷阱的孩子会被剥夺犯错误和改正错误的机会，从而也失去了培养自控力的机会，只要能使孩子高兴，为孩子做什么父母都心甘情愿，这种爱其实是盲目的溺爱。】

生活中往往受到过分关心和过分照顾的孩子，他们会认为，父母为他们所做的一切都是应该的，缺乏感恩。所以一旦某件事情没有从父母这里得到满足，他很少去体会父母的不易，而是很恼怒为什么不像以前那样满足我。一个总是依附父母成长的孩子，永远都无法学会独立面对社会，更无法自己独立生活，最终失去自主性和自我控制的能力。从这个角度来看，父母无微不至地呵护与爱，其实就是一种伤害。儿童更需要一定的空间去成长，去验证自己的能力，去应对危险的局势。作为父母，不要为孩子做任何他自己可以做的事，如果我们做的过多就是剥夺了孩子锻炼发展自己的机会，也剥夺了他自立能力的形成和自信心的建立。明智的父母，应当鼓励孩子持有自信心，让儿童根据自己的条件，尽量地培养自理能力，发挥自己的潜能，养成独立自信的良好品质。

九、恰当的批评方能达到预期的教育目的

【怎样做才能教育好孩子，帮助他更好的成长，这是所有为人父母者的必修课，家长在教育孩子的过程中可能会存在两大极端，一种是过度溺爱；一种是过度严苛。过于溺爱也不行，过度严苛也不行，孩子犯错误时使用恰当的批评才能达到预期的教育目的。】

第一，不要随意批评孩子。更不能凭着自己的喜怒随意去批评，如今天心情好，孩子做错事也不要紧，明天心情不好，可能孩子做任何事情都会挨批，这种做法，会使孩子很迷惑，会模糊孩子的是非观念。

第二，批评孩子要让孩子自己发现错误。当孩子出现不良行为，父母不必马上指出哪里错了，但要耐心地启发孩子这样做对吗？让孩子去反省错在哪里。

第三，不要当众批评孩子。因为这样做往往会伤害孩子的自尊，引起孩子厌烦心理。

第四，批评孩子要对事不对人。即便是批评教育，也应该尊重孩子的人格，不能因为一两次小错误，就否定孩子以前的努力，只针对于当下的事情，指出孩子不好在哪里，让孩子意

识到自己的错误。

第五，批评孩子要点到为止。不能没完没了唠唠叨叨，这样的批评反而会引发孩子的反感，作为父母指出孩子的错误所在，让他有所醒悟并去改正就可以了。

第六，批评孩子要及时。如果是刚刚发生的错误，父母可以立刻进行指正，不能拖拉，昨天发生的事情，今天才进行批评，这样也起不到很好的教育作用。

第七，对孩子批评的同时还要有肯定。在批评中也要设法找到孩子的闪光点，肯定他以前的努力和成绩，这样不仅能督促孩子改正错误，还可以帮孩子建立自信。

第八，给孩子指出改正的方法。单独批评是没有用的，批评不能把重点放在错误上，而是要引导孩子对错误行为进行补救，这样的批评才是有意义的。

十、教育需要智慧“惩罚”而不是体罚

【中国有句古话：“棍棒底下出孝子，不打不成器”。但实际上，大量研究证明，打孩子的结果往往没有帮助到孩子，反而给孩子身心造成极大的伤害。对孩子最大的伤害不是皮肉之苦，而是人格上的侮辱以及精神上的伤害，他会产生一种怨恨，所以父母要做智慧的“惩罚”而不是体罚。】

教育孩子需要奖励与惩罚并举，惩罚也是教育过程中让孩子认识错误的必要手段，智慧的惩罚能让孩子自觉改正错误，还有利于提高他们对不良行为发生的控制力。家长可以从以下几方面找到方法：

事先把后果给孩子讲清楚。惩罚措施和后果本身就具有一定的预防作用，如果父母事先和孩子进行充分的沟通，把后果给孩子讲清楚，那他自然也就明白哪些事情不能做，哪些事情做了会有惩罚。

要让孩子立刻体验犯错的后果。如果孩子一旦犯了错误，立刻能体验到犯错的后果，那么他对这件事情的记忆就会比较深刻。

父母要保持一致。面对同样的错误，父母也要保持一致，惩罚要有同样的原因，也要使用同样的方法，这样才能让孩子明白到底什么是对，什么是错。

不要带着坏情绪教育孩子。当家长发怒的时候，千万要注意给自己立一个规矩，可以从 1 数到 100，数数的过程就是让人冷静的过程，冷静下来再教育孩子才会比较理智，父母想要帮助孩子发展自控力，在惩罚孩子之前，父母也要保持冷静，控制好自己的情绪，用更好的方式来代替打骂，这样才能起到好的教育效果。

第十四章　感统训练常见误区

【根据以往的经验，很多家长对儿童感觉统合能力的发展，存在一些主观臆断的误区，从而耽误了孩子的最佳训练和改善的机会。当然，也不能因此就责怪各位家长，虽然感觉统合在我们生活中无处不在，但毕竟“感觉统合”它算是一个比较偏门的学科，没有多少家长会刻意去关注它。所以，存在一些误区也是在所难免。所以家长一定要多学习这方面的知识。】

一、孩子长大就好了，不需要训练？

【“我们想着孩子大了自然就好了，所以就顺其自然，结果就给耽误了，现在上小学给我们劝退了”。这是我在测评中遇到的实实在在的例子，且不止一例。

很多家长不了解儿童生长发育的里程碑，总觉得到了2岁不说话，大了就说了；到了3岁还疯跑，大了就不会跑了；当下对孩子能力落后及行为问题选择忽视，报以侥幸心理，结果白白耽误了孩子成长的时间，导致孩子和同龄人之间的差距越来越大。】

许多家长认为，不管孩子是发音不清，身体运用能力差，还是喜欢旋转，喜欢摸，喜欢闻等，这些都是孩子年龄太小的缘故，性格影响的缘故等，等孩子长大了，接触社会了，自然就好了，因此对孩子的这种表现视而不见。儿童在不同的年龄段要有不同的能力体现，到了该说话的年龄就要开口，到了可以学习的年龄就需要掌握一定的认知常识，到了可以社交的年龄就需要掌握简单的社交技巧，沟通谦让等，到了入学的年龄就需要学会控制自己，该静就坐好，该动就尽情地玩耍。只有儿童在相应阶段的能力发展成熟了，才能更好的将行为表现出来，若孩子到了对应阶段能力依旧表现不出来，就需要引起关注和重视了，可能是孩子因感觉统合能力不足而引发的行为问题。孩子小时候能力发展不足，没有经过外在辅助拉升，一般来说，长大了也不会变好，即便把小时候的能力发展出来，但因为基础能力来得晚，因此高阶的认知能力、学习能力、社交能力，相比同龄孩子来说来得也会晚，所以当家长发现孩子能力落差较大，存在各种异常行为表现时，应尽快找专业机构进行评估，及时通过外在针对性的辅助帮助儿童进行改善。

二、感统训练不仅是给能力发展不足的孩子做的

【“我家孩子又没有问题，不需要去做感统训练，它不是给发育障碍的儿童做的训练吗?”这大概是大多数家长的普遍看法吧。感觉统合能力是我们人类学习发展的基础，是每个人都必须要具备的能力，对于能力发展不足的孩子能起到补差的作用，同样对于正常发展水平的孩子，做感统训练会起到锦上添花的效果。强化感觉统合能力的发展，只会让孩子对外界感觉信息处理能力更强。】

感觉统合能力是人类发展中所必须具有的一项能力，它是人类一切能力发展的根本。随着城市化进程越来越快，孩子的活动范围越来越小，接收的各种感觉刺激越来越少，得不到应有的锻炼，那么儿童的能力一定会受到相应的影响，只是有些儿童表现得比较明显，有些儿童表现得不明显而已，所以不管儿童是否有问题表现出来、是否感统失调，都可以做适量的感觉统合训练，并不是非要等到儿童行为问题显现化才去进行改善，对于正常发展中的儿童进行锻炼，可以起到补差培优的作用。而对于感觉统合失调的儿童，家长也不要过于焦虑，感统

失调本身不属于疾病，它是一种能力发展不达标，是一种行为心理学障碍，对儿童进行专业、针对性的训练，儿童能力是可以得到提升和改善的。

三、感统训练越多越好吗?

【家长说：“既然感统训练对孩子帮助那么大，那我就要给孩子多练习一些”。从这句话能体会到家长迫切想要孩子得到改变的心情，但在这里要给各位家长提醒的是，感统训练不是越多就越好，适量是最好的。】

感觉统合是人类一切能力发展的根本，就像盖高楼需要打地基一样，感觉统合能力就是人类专注力、学习能力、认知、语言、社交等这些高阶能力的地基，感觉统合能力发展不足，人类其他能力的发展都会受到或多或少的影响。很多家长知道了感统训练的好处，就迫切的大量地给孩子去做，但是，所有的训练不是越多越好，一定要有量的控制，训练也不是想怎么练就怎么练，一定要在测评的指导下进行，适合孩子的才是最好的。若孩子不适合这么大的训练量，对孩子过量训练，不但不能帮助孩子健康成长，反而会给孩子带来副作用，造成大脑能量过度消耗。所以做感统训练不要盲目去做，要科学有针对性地去做。

四、机构训练就可以了，家庭训练不重要？

【孩子交给老师，家长就不需要管了？当然不是，任何时候家庭都是孩子成长的主要场所。他的独立性，情感安全感，认知和语言，行为规范，自信心等能力的发展与家庭环境和父母的带养方式密不可分。】

孩子的成长是一个量变到质变的过程，他的成长不仅需要在机构中进行提升和干预，家庭中父母也需要创造条件，给予儿童经验的获得和实践的机会。机构训练是培养孩子的基础能力，家庭环境是要让孩子的基础能力发展成更多适应性的行为结果，就需要家长带领儿童在实际环境中去培养、去运用、去积累经验，所以家庭教育一定要和机构训练结合起来，做到家园共育，儿童才能更快的提升和改变。

五、孩子已经过了感统训练黄金期，再训练也没效果了吗？

【0 ~3 岁是感统失调的预防期，3 ~6 岁是感统训练的黄金期。看到这里，很多家长就会想，我家孩子已经 6 岁甚至超过 6 岁的年龄，过了感统训练的黄金

期，再训练是不是就没有效果了？这里必须提醒这类家长，千万不要再有这样的思想，别说六七岁，就是六七十岁，只要做感统训练，就会有效果！】

感统训练之所以有“黄金期”这一说法，是因为在6岁之前，儿童大脑会持续获得神经元的连接，大脑皮质厚度增加，而且蛋白质也会增加，这就证明这个时期大脑的神经元在进行髓鞘化。神经元彼此间的连接增加，而且这个速度会特别快，因此在这个阶段给予儿童丰富多感官的刺激，效果来得就会特别好。而在6岁后大脑中的神经元会进行修剪和淘汰，且神经元之间连接的速度也会变慢，因此效果会来得慢一些。6～12岁是感觉统合训练的调整期，在这个时间段内，通过足量有针对性的感统训练，依然可以弥补孩子感觉统合能力不足的问题，而过了12岁，孩子的大脑网络连接大部分已经被固化，想要再通过感统训练调整他们感觉统合状态，就必须要结合非常强大的意志力才能有效。

所以，任何时候，不管是家长还是老师，都不要对孩子轻言放弃，一定要坚持为孩子进行正确的感统训练，帮助孩子打造越来越好的人生！

结　语

随着社会的发展，物质生活得到极大的满足，让我们这一代人获得了前所未有的幸福感，但同时也受到现代化生活的不利影响，我们的孩子在心理上、生理上逐渐出现了一些比较明显或者隐蔽的“障碍”，甚至有些孩子被诊断为自闭症、ADHD、发育迟缓等神经性发育障碍疾病。很多时候，我们遇到了问题，总是会迷茫、焦虑、找不到方向，甚至是自暴自弃，这是对生命的不负责，每当遇到孩子被诊断为自闭症家长来找我们，并且孩子已经9岁、10岁时，笔者都痛心万分，如果家长们能够尽早认知到感觉统合，并使用感觉统合的方法及早进行干预，我们的孩子可能就会远离这种伤害！父母的认知一定是儿童成长的天花板，父母有感觉统合的意识对早期儿童发育至关重要。

所以这十几年，笔者不管遇到什么困难，一直走在专业感统的普及之路上，用线上的直播、全国的公益讲座、全国的父母课堂、线上专业知识专栏、开发线上学习平台……进行感觉统合的普及，编写相关的教材，以较快的速度进行感觉统合的普及。

摆在各位家长面前的重点是行动要落实！别指望别人，什么事都要自己积极解决，虽然苦，虽然累，但是转念一想，这也是对你的锻炼，不会就去学，不懂就去问。笔者每天都会给家长讲，自己不积极自己不努力，别人想帮都帮不了你。千万不要想着把孩子给某位老师，给某个机构，全权让他们去做就可以了，这种想法是不对的，老师/机构这些都是外因，家庭才是推动孩子成长的内因，你们才是孩子成长的动力源。

千万不要想着去依赖谁，时间会证明谁都靠不住，你花时间去指望别人，还不如趁这个时间提升自己，完善自己，让自己变得强大，在家给孩子练起来，有人说，孩子不听我的，我引导不了孩子，这样的问题笔者一般都不回答，知道为什么吗？只要你这样说，或者有这样的想法，证明你还是没有被逼到绝境，人只有撞到南墙才肯回头，只有逼到墙角才会转身。

怎么不好引导？怎么不听你的？我们做不到10，可以不可以先做1，先做到0.5，你要有耐心，你要有毅力，你要有目标，你要有策略。我最开始跑步的时候2千米都跑不动，但是我心中有目标，我就要跑，我就要锻炼身体，我就要让自己强大起来。我知道跑步对于我来说是有益的，我就坚持，坚持4

年多，我总共跑了7200多千米，每个月要跑150千米左右，跑步成为我每天的必修课了，习惯跑步，热爱跑步，喜欢跑步。跑步让我身体变好了，让我改变了，提升了我的抗挫能力，让我变得自律，自律就是干掉颓废的自己！加油吧！各位家长！

只有自己努力，才有别人意想不到的惊喜！让我们一起用感统星光照亮感统失调儿童的未来！